制冷设备运用与维修专业一体化课程规范指南

主　编 / 李荣生　郭晓林

中国环境出版集团 · 北京

图书在版编目（CIP）数据

制冷设备运用与维修专业一体化课程规范指南 / 李荣生，郭晓林主编. —北京：中国环境出版集团，2021.12

ISBN 978-7-5111-4168-2

Ⅰ. ①制… Ⅱ. ①李… ②郭… Ⅲ. ①制冷装置—维修—人才培养—技工学校—教学参考资料②制冷装置—维修—课程标准—技工学校—教学参考资料 Ⅳ.①TB657.2-4

中国版本图书馆 CIP 数据核字（2021）第 251322 号

出 版 人 武德凯
责任编辑 田 怡
责任校对 任 丽
封面设计 宋 瑞

出版发行 中国环境出版集团
（100062 北京市东城区广渠门内大街 16 号）
网 址：http：//www.cesp.com.cn
电子邮箱：bjg1@cesp.com.cn
联系电话：010-67112765（编辑管理部）
发行热线：010-67125803，010-67113405（传真）
印 刷 北京中献拓方科技发展有限公司
经 销 各地新华书店
版 次 2021 年 12 月第 1 版
印 次 2021 年 12 月第 1 次印刷
开 本 787×1092 1/16
印 张 13
字 数 274 千字
定 价 68.00 元

编审委员会

主　任　孙宝树

副主任　王晓君

成　员　李荣生　郭晓林　滑　雪

编写组成员

主　编　李荣生　郭晓林

副主编　董　菁　滑　雪

参　编　张永飞　龚伟申　李雄亚　李小燕
李景丽　黄进禄　郝华杰　刘孟奇
吴　明　刘光平　于海波　张宗辉
王　琳　刘　杰

序　言

为落实《蒙特利尔议定书》及《基加利修正案》等国际条约提出的氟氯碳化物减排指标要求，推进中国制冷设备维修行业实现环境友好的维修操作，2018 年，生态环境部对外合作与交流中心委托中国职工教育和职业培训协会（以下简称中国职协）开展了“制冷空调系统安装维修工、制冷工和中央空调系统运行操作员国家职业技能标准及技能鉴定标准政策研究”课题研究及技术咨询。

项目研究的主要目标是在调研和分析国内外制冷设备产业发展趋势、绿色环保政策和技术要求、制冷设备维修技能人才培养等情况的基础上，开展制冷空调系统安装维修工、制冷工和中央空调系统运行操作员 3 个制冷设备维修相关职业的国家职业技能标准和技能鉴定（技能水平评价）标准政策研究，并提出在相关职业技能标准和职业技能鉴定标准中增加消耗臭氧层物质（ODS）淘汰相关环保要求和技能要求的政策建议。根据项目研究目标和任务要求，利用中国职协拥有的庞大专家库的资源优势，组建了由制冷设备行业技术专家、职业技能标准和技能鉴定（技能水平评价）标准研究专家、制冷设备维修技能人才培养教师、环境保护专家等国内资深专家和教师组成的项目研究专家组，以及由天津市职业技能鉴定指导中心、江苏省职业技能鉴定中心、浙江省职业技能鉴定中心、天津职业大学、苏州大学、中国家用电器协会、中国制冷学会、首钢工学院、北京市工贸技师学院、北京市总工会职工大学等单位的数十名参与项目研究的相关专业人士和教师组成的研究团队。

根据项目研究目标和任务，专家组及研究团队对我国制冷设备生产制造的有关行业企业和制冷设备维修技能人才培养的有关职业院校进行了广泛调研，全面了解我国职业技能标准和职业技能鉴定（技能水平评价）标准技术规程和发展现状，深入参与制冷空调系统安装维修工、制冷工和中央空调系统运行操作员 3 个制冷设备维修相关职业的国家职业技能标准和职业技能鉴定（技能水平评价）标准的具体开发和修订工作，收集并分析了大量文献资料。自 2018 年 3 月启动项目研究，历时 3 年多时间，取得了一系列研究成果。《制冷设备运用与维修专业一体化课程规范指南》是研究成果的一部分，是在对我国制冷设备行业发展、制冷设备运用与维修相关职业的国家职业技能标准、职业技能鉴定（技能水平评价）标准建设及增加 ODS 淘汰相关环保要求和技能要求研究的基础上，编制的针对制冷设备运用与维修技能人员培养和培训使用的一体化课程规范指南。本书根据项目的研究成果编辑完成，目的是为全国职业院校和培训机构编制制冷设备维修相关专业课程大纲及内容提供参考。

人力资源和社会保障部原党组副书记、副部长，中国职协会长孙宝树非常关心项目的研究工作，全面指导项目研究工作的开展。人力资源和社会保障部职业能力建设司副司长、一级巡视员王晓君为项目研究提供重要指导意见并帮助协调研究工作的开展。生态环境部对外合作与交流中心全程督导研究工作。中国职协刘杰、史珺、李晶等同志做了大量的信息收集、数据整理、图表制作、文字编辑、协调沟通等基础工作。对以上领导、专家和相关人员给予的指导、支持和帮助，致以诚挚谢意！

目　录

第一章

制冷空调系统安装维修工国家技能人才培养标准

一、培养目标

（一）总体培养目标

培养面向制冷空调系统安装与维修相关企业就业，适应制冷空调系统安装与维修职业岗位群（如制冷空调系统安装施工人员、制冷空调系统维修保养人员等）工作，能胜任小型制冷空调系统的安装与维修、冷库制冷系统的安装与维修、大型制冷空调系统的安装与维修、制冷空调系统优化与节能改造、制冷空调系统安装与维修技能培训等工作任务，具备安全意识、质量意识、职业健康与节能环保意识，以及爱岗敬业、自主学习、沟通协调、团队合作、独立分析和解决问题、优化与改进管理等职业素养，达到制冷空调系统相应的等级职业资格要求的技能人才。

（二）层级培养目标

1. 初级技能

培养面向制冷空调系统安装与维修相关企业就业，适应制冷空调系统安装与维修职业岗位群（如制冷空调系统安装施工人员、制冷空调系统维修保养人员等）工作，能够运用基本技能协助完成制冷空调系统安装、调试、维护与检修等工作任务，具备安全意识、质量意识、职业健康与节能环保意识，以及爱岗敬业、自主学习、沟通协调、团队合作的职业素养，达到制冷空调系统安装维修工初级职业资格（国家职业资格五级）要求的技能人才。

2. 中级技能

培养面向制冷空调系统安装与维修相关企业就业，适应制冷空调系统安装与维修职业岗位群（如制冷空调系统安装施工人员、制冷空调系统维修保养人员等）工作，能够熟练运用基本技能独立完成制冷空调系统安装、调试、维护与检修等工作任务，具备安全意识、质量意识、职业健康与节能环保意识，以及爱岗敬业、自主学习、沟通协调、团队合作的职业素养，达到制冷空调系统安装维修工中级职业资格（国家职业资格四级）要求的技能人才。

3. 高级技能

培养面向制冷空调系统安装与维修相关企业就业，适应制冷空调系统安装与维修职业岗位群（如制冷空调系统安装施工人员、制冷空调系统维修保养人员等）工作，能够熟练运用基本技能和专门技能完成较为复杂的制冷空调系统安装、制冷空调系统调试、制冷空调系统维护与检修、制冷剂回收再生处理等工作任务，能独立处理工作中出现的问题，具备安全意识、质量意识、职业健康与节能环保意识，以及爱岗敬业、自主学习、沟通协调、团队合作、独立分析和解决问题的职业素养，达到制冷空调系统安装维修工高级职业资格（国家职业资格三级）要求的技能人才。

4. 技师（预备技师）

培养面向制冷空调系统安装与维修相关企业就业，适应制冷空调系统安装与维修职业岗位群（如制冷空调系统安装施工人员、制冷空调系统维修保养人员等）工作，能够熟练运用基本技能和专门技能完成较为复杂的制冷空调系统安装、制冷空调系统检修、培训与指导、制冷空调系统管理等工作任务，能独立处理工作中出现的问题，解决本职业或本岗位关键技术的工艺难题，具备安全意识、质量意识、职业健康与节能环保意识，以及爱岗敬业、自主学习、沟通协调、团队合作、独立分析和解决问题、优化与改进管理等职业素养，达到制冷空调系统安装维修工技师职业资格（国家职业资格二级）要求的技能人才。

二、培养要求

制冷设备运用与维修专业学生应被培养为具备从事制冷空调系统安装、制冷空调系统调试、制冷空调系统维护与检修、制冷空调系统管理与培训等职业活动能力的技能人才。制冷设备运用与维修专业技能人才培养要求见表 1–1。

表 1-1　制冷设备运用与维修专业技能人才培养要求

技能人才层级	典型工作任务	职业能力要求
初级技能	制冷空调系统用管道连接	（1）能读懂制冷空调工程图及相关技术文件，明确工作内容、技术要求及质量标准 （2）能明确制冷空调系统各类管道所用材料、各类管道连接方法、操作流程与技术要求、质量检验方法、安全防范措施 （3）能进行各类管道连接前的材料、设备、工具、安全措施等准备工作 （4）能进行制冷剂管道连接工艺的操作与质量检验 （5）能进行金属管道及阀件等螺纹连接工艺的操作与质量检验 （6）能进行洛克林环连接工艺的操作与质量检验 （7）能进行非金属管道及阀件等螺纹连接工艺的操作与质量检验 （8）能与相关人员进行有效沟通与协作，获取解决工程中问题的方法和措施 （9）能遵守企业各项规章制度，严格执行岗位操作规程，依据安全、环保等管理规定完成相关工作
	制冷空调系统维护	（1）能阅读制冷空调工程说明书及相关技术文件，明确维护内容、技术要求及质量标准 （2）能明确制冷空调系统维护所用材料、工具与仪器、各类制冷空调系统维护方法、维护技术要求、质量检验方法、设备运行安全防范措施 （3）能进行制冷空调系统维护前的材料、工具、仪器及安全措施等准备工作 （4）能进行各类制冷空调换热设备的清洗等维护操作 （5）能进行水过滤器的清扫及维护，使制冷空调水系统运行稳定、良好 （6）能进行通风系统空气过滤网、风口、风叶的除尘和清扫，确保通风系统清洁、卫生、运行良好 （7）能进行制冷空调电气控制系统及元器件的坚固、除尘等工作，保证电气控制系统正常工作 （8）能与用户或相关人员进行有效沟通与协作，获取解决维护中问题的方法和措施 （9）能遵守企业各项规章制度，严格执行岗位操作规程，依据安全、环保等管理规定完成相关工作

续表

技能人才层级	典型工作任务	职业能力要求
初级技能	制冷空调系统检修	(1) 能阅读制冷空调工程说明书及相关技术文件，明确检修内容、技术要求及质量标准 (2) 能明确制冷空调系统检修所用材料、工具与仪器、各类制冷空调系统常见故障判断与检修方法、检修技术要求、质量检验方法、设备运行安全防范措施 (3) 能进行制冷空调系统检修前的材料、工具、仪器及安全措施等准备工作 (4) 能进行制冷空调各系统保温层更换操作 (5) 能进行制冷系统温度、压力等参数的检查操作 (6) 能进行电冰箱电气控制电路用的相关元器件的检测操作 (7) 能进行电冰箱电气控制电路用的相关元器件的更换操作 (8) 能与用户或相关人员进行有效沟通与协作，获取解决故障的方法和措施 (9) 能遵守企业各项规章制度，严格执行岗位操作规程，依据安全、环保等管理规定完成相关工作
中级技能	制冷空调系统用管道连接	(1) 能读懂制冷空调工程图及相关技术文件，明确工作内容、技术要求及质量标准 (2) 能明确制冷空调系统各类管道所用材料、各类管道连接方法、操作流程与技术要求、质量检验方法、安全防范措施 (3) 能进行各类管道连接前的材料、设备、工具、安全措施等准备工作 (4) 能进行制冷剂管道连接工艺的操作与质量检验 (5) 能进行通风系统管道及阀件等连接工艺的操作与质量检验 (6) 能进行水系统管道及阀件等连接工艺的操作与质量检验 (7) 能进行各类管道的防腐、保温、防潮及保护的工艺操作及质量检验 (8) 能与相关人员进行有效沟通与协作，获取解决工程中问题的方法和措施 (9) 能遵守企业各项规章制度，严格执行岗位操作规程，依据安全、环保等管理规定完成相关工作

续表

技能人才层级	典型工作任务	职业能力要求
中级技能	制冷空调系统安装	(1) 能阅读空调器与风机盘管说明书及相关技术文件，明确安装内容、技术要求及质量标准 (2) 能明确空调器与风机盘管安装所用材料、工具、安装方法、安装流程与技术要求、质量检验方法、安全防范措施 (3) 能进行空调器与风机盘管安装前的材料、设备、工具、安全措施等准备工作 (4) 能进行各类空调器制冷剂系统安装工艺的操作与质量检验 (5) 能进行各类空调器电气系统安装工艺的操作与质量检验 (6) 能进行各类风机盘管及管路安装工艺的操作与质量检验 (7) 能进行各类风机盘管电气控制系统安装工艺的操作与质量检验 (8) 能与用户或相关人员进行有效沟通与协作，获取解决安装中问题的方法和措施 (9) 能遵守企业各项规章制度，严格执行岗位操作规程，依据安全、环保等管理规定完成相关工作
	制冷空调系统调试	(1) 能阅读空调器与风机盘管说明书及相关技术文件，明确调试内容、性能参数及质量标准 (2) 能明确空调器与风机盘管调试所用工具和仪器、各类空调器与风机盘管调试方法、调试流程与技术要求、质量检验方法、设备运行安全防范措施 (3) 能进行空调器与风机盘管调试前的材料、工具、仪器及安全措施等准备工作 (4) 能进行各类空调器性能参数的调试与调整 (5) 能进行风机盘管性能参数的调试与调整 (6) 能与用户或相关人员进行有效沟通与协作，获取解决调试中问题的方法和措施 (7) 能遵守企业各项规章制度，严格执行岗位操作规程，依据安全、环保等管理规定完成相关工作

续表

技能人才层级	典型工作任务	职业能力要求
中级技能	制冷空调系统维护	(1) 能阅读制冷空调工程说明书及相关技术文件，明确维护内容、技术要求及质量标准 (2) 能明确制冷空调系统维护所用材料、工具与仪器、各类制冷空调系统维护方法、维护技术要求、质量检验方法、设备运行安全防范措施 (3) 能进行制冷空调系统维护前的材料、工具、仪器及安全措施等准备工作 (4) 能进行各类制冷系统及压缩机工作参数的检测与调整，使制冷压缩机运行稳定、良好 (5) 能进行各类水泵润滑油脂的更换、电动机和水泵的检测与调整、冷却水塔的清扫及维护，使水泵与冷却水塔运行稳定、良好 (6) 能进行通风系统的清扫、风机传动部件及风阀的保养，确保通风系统清洁、卫生、运行良好 (7) 能进行制冷空调电气控制系统及元器件的清扫、检测、参数调整或备份等工作，保证电气控制系统正常工作 (8) 能与用户或相关人员进行有效沟通与协作，获取解决维护中问题的方法和措施 (9) 能遵守企业各项规章制度，严格执行岗位操作规程，依据安全、环保等管理规定完成相关工作
	制冷空调系统检修	(1) 能阅读制冷空调工程说明书及相关技术文件，明确检修内容、技术要求及质量标准 (2) 能明确制冷空调系统检修所用材料、工具与仪器、各类制冷空调系统常见故障判断与检修方法、检修技术要求、质量检验方法、设备运行安全防范措施 (3) 能进行制冷空调系统检修前的材料、工具、仪器及安全措施等准备工作 (4) 能进行制冷空调各系统常见故障分析与判断 (5) 能进行制冷系统制冷剂适量充注、制冷系统检漏、抽真空等操作 (6) 能进行小型压缩机更换操作，确保制冷系统正常工作 (7) 能进行制冷剂系统工作状态的检测与调整操作 (8) 能进行制冷空调系统定频电气控制电路各类元器件的检测与更换操作 (9) 能进行制冷空调系统供电线路的检测与检修操作 (10) 能进行制冷空调定频电气控制板的检测与更换操作 (11) 能与用户或相关人员进行有效沟通与协作，获取解决故障的方法和措施 (12) 能遵守企业各项规章制度，严格执行岗位操作规程，依据安全、环保等管理规定完成相关工作

续表

技能人才层级	典型工作任务	职业能力要求
高级技能	制冷空调系统安装	（1）能阅读制冷空调工程图及相关技术文件，明确安装内容、技术要求及质量标准 （2）能明确各类制冷空调系统安装所用材料、安装方法、操作流程与技术要求、质量检验方法、安全防范措施 （3）能进行各类空调用制冷机组安装前的材料、设备、工具、安全措施等准备工作 （4）能进行各类空调用制冷机组的安装操作 （5）能进行小型冷库制冷系统的安装操作 （6）能进行空调用各类通风机、空气处理设备及阀件等的安装操作 （7）能进行制冷空调用各类水泵、冷却水塔、水箱及附件的安装操作 （8）能进行各类制冷空调系统电气控制设备与软件的安装操作 （9）能与用户或相关人员进行有效沟通与协作，获取解决问题的方法和措施 （10）能遵守企业各项规章制度，严格执行岗位操作规程，依据安全、环保等管理规定完成相关工作
	制冷空调系统调试	（1）能阅读制冷空调工程图及相关技术文件，明确调试内容、技术要求及质量标准 （2）能明确制冷空调系统调试所用材料、各类制冷空调系统调试方法、调试流程与技术要求、质量检验方法、安全防范措施 （3）能进行各类制冷空调系统调试前的材料、仪表仪器、工具、安全措施等准备工作 （4）能进行各类制冷系统性能参数的调试与调整 （5）能进行制冷空调用各种冷却、冷冻水系统性能参数调试与调整 （6）能进行空调用各类通风系统的性能参数的调试与调整 （7）能进行制冷空调电气控制系统参数设置及设备调试 （8）能与用户或相关人员进行有效沟通与协作，获取解决问题的方法和措施 （9）能遵守企业各项规章制度，严格执行岗位操作规程，依据安全、环保等管理规定完成相关工作

续表

技能人才层级	典型工作任务	职业能力要求
高级技能	制冷空调系统维护	（1）能阅读制冷空调工程图及相关技术文件，明确维护内容、技术要求及质量标准 （2）能明确各类制冷空调系统维护所用材料、各类制冷空调系统的维护方法、维护流程与技术要求、质量检验方法、安全防范措施 （3）能进行各类制冷空调系统维护前的材料、设备、工具、安全措施等准备工作 （4）能进行制冷系统中干燥剂或干燥过滤器的更换操作 （5）能进行冷库蒸发器的除霜操作，提高制冷系统运行效果 （6）能进行制冷空调系统中冷却水系统维护，提高制冷设备传热能力 （7）能进行净化用空调箱及附件检查与处理，确保空调的空气品质 （8）能进行小型冷库电气控制系统运行维护，保证制冷系统正常工作 （9）能与用户或相关人员进行有效沟通与协作，获取解决问题的方法和措施 （10）能遵守企业各项规章制度，严格执行岗位操作规程，依据安全、环保等管理规定完成相关工作
	制冷空调系统检修	（1）能阅读制冷空调工程电气控制图及相关技术文件，明确检修内容、技术要求及质量标准 （2）能明确制冷空调系统检修所用材料、各类制冷空调系统的检修方法、操作流程与技术要求、质量检验方法、安全防范措施 （3）能进行制冷空调系统检修前的材料、设备、工具、安全措施等准备工作 （4）能进行制冷系统用的开启式或半封闭式压缩机的拆装与修理操作 （5）能进行制冷系统中压缩机冷冻机油的更换操作 （6）能进行制冷空调用水系统故障分析与处理操作 （7）能进行制冷空调通风系统故障分析与处理操作 （8）能进行制冷空调系统用的 PLC 变频控制系统故障分析与处理操作 （9）能与用户或相关人员进行有效沟通与协作，获取解决问题的方法和措施 （10）能遵守企业各项规章制度，严格执行岗位操作规程，依据安全、环保等管理规定完成相关工作

续表

技能人才层级	典型工作任务	职业能力要求
高级技能	制冷剂的回收与再生	（1）能阅读制冷系统工程图及相关技术文件，明确工作内容、技术要求及质量标准 （2）能明确制冷剂回收与再生所用材料、设施，各类制冷剂回收方法、操作流程与技术要求、质量检验方法、安全防范措施 （3）能进行制冷剂回收与再生的材料、设备、工具、安全措施等准备工作 （4）能进行各类制冷剂及溴化锂溶液的回收操作 （5）能进行各类制冷剂及溴化锂溶液的再生操作及质量鉴别 （6）能与用户或相关人员进行有效沟通与协作，获取解决问题的方法和措施 （7）能遵守企业各项规章制度，严格执行岗位操作规程，依据安全、环保等管理规定完成相关工作
技师（预备技师）	制冷空调系统安装	（1）能阅读制冷空调工程图及相关技术文件，明确安装内容、技术要求及质量标准 （2）能明确双级压缩式制冷系统与复叠式制冷系统安装所用材料、双级压缩式制冷系统与复叠式制冷系统的安装方法、操作流程与技术要求、质量检验方法、安全防范措施 （3）能进行双级压缩式制冷系统与复叠式制冷系统安装前的材料、设备、工具、安全措施等准备工作 （4）能进行双级压缩式制冷系统的安装、性能分析与调试 （5）能进行复叠式制冷系统的安装、性能分析与调试 （6）能进行制冷空调 PLC 变频控制系统调试与功能调整 （7）能与用户或相关人员进行有效沟通与协作，获取解决问题的方法和措施 （8）能遵守企业各项规章制度，严格执行岗位操作规程，依据安全、环保等管理规定完成相关工作
	制冷空调系统检修	（1）能阅读制冷空调工程图及相关技术文件，明确检修内容、技术要求及质量标准 （2）能明确双级压缩式制冷系统与复叠式制冷系统检修所用材料、双级压缩式制冷系统与复叠式制冷系统的检修方法、操作流程与技术要求、质量检验方法、安全防范措施 （3）能进行双级压缩式制冷系统与复叠式制冷系统检修前的材料、设备、工具、安全措施等准备工作 （4）能进行双级压缩式制冷系统的日常检修操作 （5）能进行复叠式制冷系统的日常检修操作 （6）能进行 PLC 变频控制系统设备检修与软件维护

续表

技能人才层级	典型工作任务	职业能力要求
技师（预备技师）	制冷空调系统检修	（7）能进行双级压缩式制冷系统与复叠式制冷系统的故障分析、判断与处理 （8）能与用户或相关人员进行有效沟通与协作，获取解决故障的方法和措施 （9）能遵守企业各项规章制度，严格执行岗位操作规程，依据安全、环保等管理规定完成相关工作
	理论培训与技能指导	（1）能依据技术规范和相关管理制度，及时发现和纠正安装维修人员违规操作、作业流程错误等问题，消除安全隐患，确保制冷空调系统安装维修质量 （2）能根据操作规程、作业流程，采取现场讲解、示范操作等方式进行指导；能按照岗位职责，分析、解答制冷空调系统安装维修人员在作业过程中遇到的技术疑难问题 （3）能根据培训计划、培训内容编写理论培训讲义和课件，并能进行讲解和指导 （4）能根据培训计划、培训内容编写技能培训教案，并能运用演示法、练习法、行动导向法等教学方法进行技能操作指导 （5）能采取有效的方法对学员培训效果进行评价，分析培训中存在的问题，提出改进建议，撰写培训总结
	制冷空调系统管理	（1）能按企业安全生产制度、现场作业规定、生态环境保护管理要求，制订制冷空调系统安装维修的安全操作规程 （2）能根据工程设计与技术要求，进行制冷空调系统安装检修工艺流程编制或改进管理 （3）能根据制冷空调系统运用情况进行制冷空调系统技术状况分析和评定 （4）能根据制冷空调系统机型、规模、生产及使用状态，进行制冷空调系统安装维修成本核算及管理 （5）能对日常安装维修使用的设备、工具与仪器仪表进行检测、诊断与调试 （6）能根据工程设计与技术要求，进行制冷空调系统安装检修质量评定与控制管理 （7）能根据工程设计与技术要求，分析制冷空调系统安装检修质量对制冷空调系统运用性能的影响，并能做出相应调整 （8）能依据制冷空调系统安装维修作业撰写技术总结或报告 （9）能遵守企业各项规章制度，严格执行岗位操作规程，依据安全、环保等管理规定完成相关工作

三、培养模式

本专业技能人才培养宜采用校企合作人才培养模式，包括“学校为主、企业为辅”“学校、企业并重”和“企业为主、学校为辅”的校企合作人才培养模式。

初级技能阶段的人才培养宜采用“学校为主、企业为辅”的校企合作人才培养模式。学校模拟企业或现场的工作情境，通过制冷空调系统用管道连接、制冷空调系统维护、制冷空调系统检修等工学结合课程，培养学生操作的规范性和熟练程度，促进其形成良好的职业素养，养成习惯，树立环保意识及建立职业责任感。

中级技能阶段的人才培养宜采用“学校为主、企业为辅”的校企合作人才培养模式。学校模拟企业或现场的工作情境，通过制冷空调系统用管道连接、制冷空调系统安装、制冷空调系统调试、制冷空调系统维护、制冷空调系统检修等工学结合课程，培养学生操作的规范性和熟练程度，促进其形成良好的职业素养，养成习惯，树立环保意识及建立职业责任感。

高级技能阶段的人才培养宜采用“学校、企业并重”的校企合作人才培养模式。学校模拟企业或现场的工作情境，通过制冷空调系统安装、制冷空调系统调试、制冷空调系统维护、制冷空调系统检修、制冷剂的回收与再生等工学结合课程，培养学生独立分析与解决制冷空调系统安装与检修中技术问题的能力，进一步提高其职业素养、环保意识及职业责任感。

技师（预备技师）阶段的人才培养宜采用“企业为主、学校为辅”的校企合作人才培养模式。在企业生产环境下，学校通过制冷空调系统安装、制冷空调系统检修、理论培训与技能指导、制冷空调系统管理等工学结合课程，培养学生分析与解决制冷空调复杂系统的技术问题的能力，培养学生在企业生产环境下进行技术管理与培训指导等能力，促进其职业认同感的建立。必要时，辅以学校设置的模拟企业或现场的工作环境进行培养。

（一）培养体制

本专业应依照相关法规和政策的要求，在院校校企合作委员会的统筹下，从制冷设备运用与维修专业技能人才培养规律和用人要求出发，整合校企双方资源，汇集企业技术骨干和技能大师，组成专业建设专家库，进而共同制订招生计划，共同开发人才培养方案及课程体系，共同组建师资队伍，共同建设校内外实习实训基地。通过校企双方的深度合作，实现制冷设备运用与维修专业技能人才的有效培养。

（二）运行机制

人才培养的运行机制有两种：一种是以学校为主体的校企合作人才培养运行机制，应在招生就业、人才培养、师资队伍组建和场地设施建设等方面以学校为主，企业为辅；

另一种是以企业为主体的新型学徒制。

以学校为主体的校企合作人才培养运行机制为例：

（1）在招生就业方面，学校应与制冷空调设备安装及维修相关企业建立招工信息发布机制，根据行业、企业的现实情况和发展规划预测各层级技能人才的数量需求，共同制订招生计划，同时加强就业指导服务，促进毕业生充分就业、对口就业、稳定就业。

（2）在人才培养方面，学校应与制冷空调设备安装及维修相关企业合作，根据技能人才培养层级及培养目标，采用由就业典型工作任务转化而成的工学结合课程来组织教学，并根据国家职业技能标准和企业用人要求共同制订教学评价标准，对学生职业素养、环保意识和职业能力实施评价。

（3）在师资队伍组建方面，学校教师应与制冷空调设备安装及维修相关企业中具有丰富工作经验的技术人员共同组成师资团队，发挥学校教师专业能力和企业技术人员专业实践能力的优势，共同策划并组织技能人才的培养与评价。

（4）在场地设施建设方面，学校应与制冷空调设备安装及维修相关企业共同规划建设校园文化与企业文化、理论教学与实践教学、学习过程与工作过程为一体的校内学习环境和企业生产性实训基地。对于校内学习环境，学校可参照企业管理机制运行；对于企业生产性实训基地，学校应参与辅助管理，明确校企双方的责任与权利。

四、培养条件

（一）师资队伍

在师资结构方面，要组建一支与办学规模、培养层级和课程设置相适应的业务精湛、素质优良、专兼结合的教师队伍；初级、中级、高级技能阶段人才培养的师生比不低于1∶20，技师（预备技师）阶段人才培养的师生比不低于1∶15，具有企业实践经验的专兼职教师占专业教师总数的60%以上。

在师资能力方面，要求制冷设备运用与维修专业教师能胜任技能人才培养要求中规定的职业典型工作任务，并将其转化成课程，组织教学和实施相应的考核评价，实现各层级技能人才培养目标。其中，培养中级技能人才的教师应具有制冷空调系统用管道连接、制冷空调系统安装、制冷空调系统调试、制冷空调系统维护、制冷空调系统检修的实践经验；培养高级技能人才的教师应具有制冷空调系统安装、制冷空调系统调试、制冷空调系统维护、制冷空调系统检修、制冷剂的回收与再生的实践经验；培养技师（预备技师）技能人才的教师应具有制冷空调系统安装、制冷空调系统检修、理论培训与技能指导、制冷空调系统管理的实践经验。

（二）场地设备设施

本专业教学场地应满足培养要求中规定的职业典型工作任务实施的环境、设备和设施要求，同时应保证教学场地符合国家制冷空调系统安装维修良好操作、安全作业、环境保护和职业健康要求，具备良好的安全、照明和通风防火条件。其中，校内教学场地和设备、设施应能支持资料查阅、教师授课、小组研讨、任务实施、成果展示等活动的开展；企业生产性实训基地应具备工作任务实践与技术培训等功能。

校内教学场地和设备、设施应按培养要求规定的职业典型工作任务实施要求进行配置，根据制冷设备运用与维修专业的特点可分别设置学习交流区、管道连接区、制冷空调系统安装检修区、制冷空调设备及配件展示区、工具与材料存放区、压力容器存储区、教学成果发布区等区域。各区域设备、设施配置基本要求如下。

1. 学习交流区

学习交流区应配置多媒体教学设备、网络、课桌、椅子、黑/白板、书柜、教学参考书籍和资料、消防设施等。

2. 管道连接区

管道连接区应配置管材切割设备、管道连接设备、供气设备、操作工作台、工具柜及工具、消防设施等。

3. 制冷空调系统安装检修区

制冷空调系统安装检修区应配置制冷空调设备安装与维修工位、管道连接设备、吊装设备、移动设备、供气设备、检修操作台、工具柜及工具、仪器仪表、消防设施等。

4. 制冷空调设备及配件展示区

制冷空调设备及配件展示区应配置制冷系统设备及配件、通风系统及配件、水系统及配件、电气控制系统及元器件、安装维修设备及工具、消防设施等。

5. 工具与材料存放区

工具与材料存放区应配置通风设备（室内时）、消防设施等。

6. 压力容器存储区

压力容器存储区应配置通风设备、防雨设施、消防设施等，该区域应避免阳光直晒。

7. 教学成果发布区

教学成果发布区应配置展示柜（台、架）、消防设施等。

说明：建议管道连接区与制冷空调系统安装检修区按照每个工位 2～4 人学习与工作的标准进行设备、设施的配置。

（三）教学资源

本专业教学资源应按制冷设备运用与维修专业人才培养要求中规定的职业典型工作任务进行配置。其中包括实施“制冷空调系统用管道连接”典型工作任务的各类管道连接的教学资源，实施“制冷空调系统安装、制冷空调系统调试”典型工作任务的各种制冷空调系统的教学资源，实施“制冷空调系统维护、制冷空调系统检修”典型工作任务的制冷空调系统主要设备与辅助设备的教学资源，实施“制冷剂的回收与再生”典型工作任务的制冷剂回收设备的教学资源，实施“理论培训与技能指导、制冷空调系统管理”典型工作任务的技术管理与培训类教学资源。

教学资源包括工作页、相关教材、新产品说明书、技术手册、工具书、技术规范、技术标准、操作规程、数字化资源等。

（四）教学管理制度

本专业应设立科学合理的教学管理机构，制定完善的教学管理制度，建立健全有效的教学管理运行机制。对于日常教学管理，应建立有效支持工学结合课程教学组织实施的管理制度，包括运行规则、专业建设与课程开发、师资队伍管理、教学运行管理等方面的制度。对于校内实践教学管理，应建立校内教学场地、大师工作室等管理制度，包括确立工作规范、教师职责、学生行为规范和工具、耗材、设备等管理规定。对于校外实践教学管理，应建立生产性实训基地、企业学习性岗位等管理制度，包括确定生产性实训基地、学习性岗位的设置条件、校企双方合作管理职责等。

有条件的院校可探索建立“学校教育与企业生产相结合”的新型学徒制，与企业签订合作协议，明确学徒培训的期限、形式、内容、考核办法和双方责任、权利等，形成企业师傅在生产岗位上“传、帮、带”的技能人才培养模式。

五、培养质量

（一）职业技能鉴定

制冷设备运用与维修专业初级技能阶段应按照国家职业技能鉴定要求取得制冷空调系统安装维修工五级职业资格证书；中级技能阶段应按照国家职业技能鉴定要求取得制冷空调系统安装维修工四级职业资格证书；高级技能阶段应按照国家职业技能鉴定要求取得制冷空调系统安装维修工三级职业资格证书；技师（预备技师）技能阶段应按照国家职业技能鉴定要求取得制冷空调系统安装维修工二级职业资格证书。其中，制冷空调系统安装维修工初级、中级、高级职业资格可采用过程化考核方式进行认证，技师（预备技师）职业资格可采用社会化职业技能鉴定方式进行考核认证。

（二）职业能力测评

运用职业能力测评理论与技术，开发职业能力测评试题，测评各层级技能人才的职业能力水平与职业认同感，从职业效度的角度来分析职业院校的人才培养效果与行业企业用人要求的符合度。

（三）就业质量评价

从毕业生就业率、专业对口就业率、稳定就业率、就业后待遇水平以及用人单位满意度等方面来衡量各层级技能人才的培养与就业质量。

其中，毕业生就业率主要包括在离校前已落实就业单位的毕业生比例（初次就业率），以及毕业生在毕业当年12月底前的就业比例；专业对口就业率指学生所学专业与实际就业所从事的职业及相关岗位群相对应的比例；稳定就业率指与企业签订一年及以上正式劳动合同的毕业生所占的比例；就业后待遇水平指毕业生与企业签订正式劳动合同后的实际收入水平；用人单位满意度指用人单位对毕业生在企业工作期间表现进行的综合性评价。

制冷设备运用与维修专业典型工作任务见表1 2。

表1–2　制冷设备运用与维修专业典型工作任务

职业发展阶段	典型工作任务	代表性工作任务举例
初级技能	制冷空调系统用管道连接	洛克林环管道连接
		非金属管道连接
	制冷空调系统维护	各类换热设备清洗清扫操作
		水过滤器的清洗与管道柔性连接操作
		通风系统除尘操作
		电气系统主要元器件维护
	制冷空调系统检修	制冷系统保温层更换
		制冷系统温度与压力参数测量
		检测电冰箱电气控制电路元器件
		更换电冰箱电气控制电路元器件
中级技能	制冷空调系统用管道连接	相同管径的铜管焊接及保温层安装
		不同管径的铜管焊接及保温层安装

续表

职业发展阶段	典型工作任务	代表性工作任务举例
中级技能	制冷空调系统安装	分体式空调器及电路安装
		风机盘管吊装及管道与电路连接
	制冷空调系统调试	制冷空调系统性能参数测定与调整
		电气控制电路的参数测定与调整
	制冷空调系统维护	压缩机运行参数（吸排气压力、油温、油压、油位与回油）的检测与调整
		水系统及其设备的维护
		通风系统各部件的工作状态检查与调整操作
		备份制冷空调系统运行数据
		空调器电气控制系统工作状态检查与维护操作
	制冷空调系统检修	制冷系统压力检漏
		制冷剂充注操作
		小型压缩机的检修操作
		检测和更换定频空调器压缩机或风机的电容
		检测和更换制冷空调系统电气控制板
高级技能	制冷空调系统安装	空调用制冷系统安装
		小型冷库制冷系统安装
		制冷空调用水系统安装
		安装 PLC 变频控制系统
	制冷空调系统调试	空调用制冷系统性能调试
		小型冷库制冷系统性能调试
		冷却水系统调试
		通风系统风量和风压的调整
		调整制冷空调系统电气控制参数
		调试制冷空调系统通信线路

续表

职业发展阶段	典型工作任务	代表性工作任务举例
高级技能	制冷空调系统维护	干燥剂或干燥过滤器更换
		冷库蒸发器除霜操作
		冷却水系统维护
		净化用空调箱及附件检查与处理
		小型冷库电气控制系统维护
	制冷空调系统检修	开启式或半封闭式压缩机的拆装
		制冷系统冷冻机油的更换操作
		水系统故障分析与处理
		通风系统故障分析与处理
		检修 PLC 变频控制设备
	制冷剂的回收与再生	制冷剂的回收充注操作
		溴化锂溶液的回收、再生操作
技师（预备技师）	制冷空调系统安装	复叠式制冷系统安装
		双级压缩式制冷系统安装
		PLC 变频控制程序编写
	制冷空调系统检修	离心式、螺杆式与活塞式压缩机故障检修
		PLC 变频控制系统故障分析、诊断和处理
	理论培训与技能指导	编写高级工讲义
		编制高级工技能教案并进行指导
	制冷空调系统管理	制冷空调系统安装检修安全规范的编制
		制冷空调系统安装检修工艺流程的编制
		制冷空调系统技术状况评价报告编制
		制冷空调系统检修器具管理与检定方案的编制
		考察、调试、技术报告编制
		制冷空调系统检修质量、故障诊断评定报告编制

第二章

制冷空调系统安装维修工
一体化课程规范

一、专业基本信息

（一）专业名称

制冷设备运用与维修。

（二）专业编码

制冷设备运用与维修专业：0121。

制冷设备运用与维修专业初级技能：制冷空调系统安装维修工（6–29–03–05）–5。

制冷设备运用与维修专业中级技能：制冷空调系统安装维修工（6–29–03–05）–4。

制冷设备运用与维修专业高级技能：制冷空调系统安装维修工（6–29–03–05）–3。

制冷设备运用与维修专业技师（预备技师）技能：制冷空调系统安装维修工（6–29–03–05）–2。

（三）学制年限

制冷设备运用与维修专业初级技能：初中起点三年。

制冷设备运用与维修专业中级技能：初中起点三年。

制冷设备运用与维修专业高级技能：高中起点三年、初中起点五年。

制冷设备运用与维修专业技师（预备技师）技能：高中起点四年。

（四）就业方向

制冷设备运用与维修专业初级技能：面向制冷空调系统安装与维修相关企业就业，适应制冷空调系统安装与维修职业岗位群（如制冷空调系统安装施工人员、制冷空调系统维修保养人员等）工作，能胜任制冷空调管道连接、制冷空调系统调试、制冷空调系统维护与检修等工作任务。

制冷设备运用与维修专业中级技能：面向制冷空调系统安装与维修相关企业就业，适应制冷空调系统安装与维修职业岗位群（如制冷空调系统安装施工人员、制冷空调系统维修保养人员等）工作，能胜任制冷空调系统安装、制冷空调系统调试、制冷空调系统维护与检修等工作任务。

制冷设备运用与维修专业高级技能：面向制冷空调系统安装与维修相关企业就业，适应制冷空调系统安装与维修职业岗位群（如制冷空调系统安装施工人员、制冷空调系统维修保养人员等）工作，能胜任制冷空调系统安装、制冷空调系统调试、制冷空调系统维护与检修、制冷剂回收再生等工作任务。

制冷设备运用与维修专业技师（预备技师）技能：面向制冷空调系统安装与维修相关企业就业，适应制冷空调系统安装与维修职业岗位群（如制冷空调系统安装施工人员、制冷空调系统维修保养人员等）工作，能胜任制冷空调系统安装、制冷空调系统调试、制冷空调系统检修、培训与指导、制冷空调系统管理等工作任务。

（五）职业资格

制冷空调系统安装维修工初级职业资格（国家职业资格五级）。

制冷空调系统安装维修工中级职业资格（国家职业资格四级）。

制冷空调系统安装维修工高级职业资格（国家职业资格三级）。

制冷空调系统安装维修工技师职业资格（国家职业资格二级）。

二、人才培养目标

（一）总体培养目标

培养面向制冷空调系统安装与维修相关企业就业，适应制冷空调系统安装与维修职业岗位群（如制冷空调系统安装施工人员、制冷空调系统维修保养人员等）工作，能胜任小型制冷空调系统的安装与维修、冷库制冷系统的安装与维修、大型制冷空调系统的安装与维修、制冷空调系统优化与节能改造、制冷空调系统安装与维修技能培训等工作任务，具备安全意识、质量意识、职业健康与节能环保意识，以及爱岗敬业、自主学习、沟通协调、团队合作、独立分析和解决问题、优化与改进管理等职业素养，达到制冷空调系统相应的等级职业资格要求的技能人才。

（二）初级技能

培养面向制冷空调系统安装与维修相关企业就业，适应制冷空调系统安装与维修职业岗位群（如制冷空调系统安装施工人员、制冷空调系统维修保养人员等）工作，能够运用基本技能协助完成制冷空调系统安装、调试、维护与检修等工作任务，具备安全意识、质量意识、职业健康与节能环保意识，以及爱岗敬业、自主学习、沟通协调、团队合作的职业素养，达到制冷空调系统安装维修工初级职业资格（国家职业资格五级）要求的技能人才。

（三）中级技能

培养面向制冷空调系统安装与维修相关企业就业，适应制冷空调系统安装与维修职业岗位群（如制冷空调系统安装施工人员、制冷空调系统维修保养人员等）工作，能够熟练运用基本技能独立完成制冷空调系统安装、调试、维护与检修等工作任务，具备安全意识、质量意识、职业健康与节能环保意识，以及爱岗敬业、自主学习、沟通协调、团队合作的职业素养，达到制冷空调系统安装维修工中级职业资格（国家职业资格四级）要求的技能人才。

（四）高级技能

培养面向制冷空调系统安装与维修相关企业就业，适应制冷空调系统安装与维修职业岗位群（如制冷空调系统安装施工人员、制冷空调系统维修保养人员等）工作，能够熟练运用基本技能和专门技能完成较为复杂的制冷空调系统安装、制冷空调系统调试、制冷空调系统维护与检修、制冷剂回收再生处理等工作任务，能独立处理工作中出现的问题，具备安全意识、质量意识、职业健康与节能环保意识，以及爱岗敬业、自主学习、沟通协调、团队合作、独立分析和解决问题的职业素养，达到制冷空调系统安装维修工高级职业资格（国家职业资格三级）要求的技能人才。

（五）技师（预备技师）

培养面向制冷空调系统安装与维修相关企业就业，适应制冷空调系统安装与维修职业岗位群（如制冷空调系统安装施工人员、制冷空调系统维修保养人员等）工作，能够熟练运用基本技能和专门技能完成较为复杂的制冷空调系统安装、制冷空调系统检修、培训与指导、制冷空调系统管理等工作任务，能独立处理工作中出现的问题，解决本职业或本岗位关键技术的工艺难题，具备安全意识、质量意识、职业健康与节能环保意识，以及爱岗敬业、自主学习、沟通协调、团队合作、独立分析和解决问题、优化与改进管理的职业素养，达到制冷空调系统安装维修工技师职业资格（国家职业资格二级）要求的技能人才。

三、课程安排

制冷设备运用与维修专业的课程包括公共文化课程、一体化课程、拓展课程和企业实践课程。使用单位应根据教育部颁布的公共课程标准开设公共文化课程，根据自身情况设置拓展课程和企业实践课程。本书课程安排表只列出一体化课程（表2–1至表2–5），且课程表中的学时分配为最低设置要求，使用单位可依据院校学制年限和教学安排确定具体学时分配。

表2–1　初级工技能层级一体化课程表（初中起点三年）

序号	课程名称	基准学时/h	学时分配/h					
			第1学期	第2学期	第3学期	第4学期	第5学期	第6学期
1	制冷空调系统用管道连接	150	150	—	—	—	—	—
2	制冷空调系统安装	200	80	120	—	—	—	—
3	制冷空调系统维护	150	—	100	50	—	—	—
4	制冷空调系统检修	180	—	—	180	—	—	—
总学时		680	230	220	230	—	—	—

表2–2　中级工技能层级一体化课程表（初中起点三年）

序号	课程名称	基准学时/h	学时分配/h					
			第1学期	第2学期	第3学期	第4学期	第5学期	第6学期
1	制冷空调系统用管道连接	150	150	—	—	—	—	—
2	制冷空调系统安装	210	100	110	—	—	—	—
3	制冷空调系统调试	120	—	120	—	—	—	—
4	制冷空调系统维护	120	—	60	60	—	—	—
5	制冷空调系统检修	200	—	—	200	—	—	—
总学时		800	250	290	260	—	—	—

表 2-3　高级工技能层级一体化课程表（高中起点三年）

序号	课程名称	基准学时/h	学时分配/h					
			第 1 学期	第 2 学期	第 3 学期	第 4 学期	第 5 学期	第 6 学期
1	制冷空调系统安装	220	220	—	—	—	—	—
2	制冷空调系统调试	200	—	200	—	—	—	—
3	制冷空调系统维护	300	—	150	150	—	—	—
4	制冷空调系统检修	300	—	—	200	100	—	—
5	制冷剂的回收与再生	200	—	—	—	200	—	—
6	PLC 变频控制设备安装检修	400	100	100	100	100	—	—
总学时		1 620	320	450	450	400	—	—

表 2-4　高级工技能层级一体化课程表（初中起点五年）

序号	课程名称	基准学时/h	学时分配/h									
			第 1 学期	第 2 学期	第 3 学期	第 4 学期	第 5 学期	第 6 学期	第 7 学期	第 8 学期	第 9 学期	第 10 学期
1	制冷空调系统安装	220	100	120	—	—	—	—	—	—	—	—
2	制冷空调系统调试	200	—	—	200	—	—	—	—	—	—	—
3	制冷空调系统维护	300	—	—	—	300	—	—	—	—	—	—
4	制冷空调系统检修	300	—	—	—	—	200	100	—	—	—	—
5	制冷剂的回收与再生	200	—	—	—	—	—	100	100	—	—	—
6	PLC 变频控制设备安装检修	400	—	—	—	—	100	100	100	100	—	—
总学时		1 620	100	120	200	300	300	300	200	100	—	—

表 2-5　技师（预备技师）技能层级一体化课程表（高中起点四年）

序号	课程名称	基准学时/h	学时分配/h							
			第 1 学期	第 2 学期	第 3 学期	第 4 学期	第 5 学期	第 6 学期	第 7 学期	第 8 学期
1	制冷空调系统安装	500	300	200	—	—	—	—	—	—
2	制冷空调系统检修	450	—	200	250	—	—	—	—	—
3	培训与指导	200	—	—	—	—	—	200	—	—
4	制冷空调系统管理	400	—	—	—	200	100	100	—	—
5	PLC 变频控制设备安装检修	600	—	—	200	200	200	—	—	—
总学时		2 150	300	400	450	400	300	300	—	—

四、一体化课程标准

表 2-6　制冷空调系统用管道连接课程标准

一体化课程名称	制冷空调系统用管道连接	基准学时/h	150
典型工作任务描述			
制冷空调系统用管道连接是用各类管材、管材连接件和阀门等连接成用于输送气体、液体或带有颗粒的流体的装置，主要用于制冷剂系统、冷却水系统、冷冻水系统、热水系统、排水系统及空调通风系统。制冷空调系统用管道连接中比较常见的有洛克林环连接与铜管的钎焊及管道的保温。操作人员应持有相应特种作业操作证。工作过程如下： 焊接人员从班组长处接受管道连接任务，领取图样、焊接工艺文件、管材、阀门、管道保温等材料；准备洛克林环连接工具和焊接用设备、气体、工具等；检查并确认设备、工具、操作工位和周围环境符合安全要求；分析管道连接与焊接的特点、难点及质量控制关键点，采取相应的控制措施；检查组对质量，确认符合要求；进行连接与焊接前准备，实施焊接作业；焊接完成后进行焊接表面清理、外观自检、缺陷返修；对冷却后的管道进行绝热材料的包扎等保温处理；交付检验，检验合格后填写自检记录，交付班组长进行工序流转。 在工作过程中，树立严谨的工作态度，严格按工艺文件和工作流程开展工作，注意团结协作、交流沟通和劳动保护，养成良好的职业素养；在作业过程中，严格遵守和执行岗位操作规程，安全、质量、环境及职业健康等管理制度			

续表

<table>
<tr><th colspan="3">工作内容分析</th></tr>
<tr><td>工作对象
（1）工作任务的领取与分析；
（2）图样和管道连接工艺文件的识读；
（3）技术交底内容的理解和掌握；
（4）质量控制措施的确定；
（5）组对质量的检验；
（6）管道连接操作前的准备，操作工位和周围环境的检查与确认；
（7）铜管钎焊；
（8）钎焊后的处理；
（9）管道保温操作；
（10）管道连接质量的自检和缺陷的返修；
（11）工件的交付和现场整理</td><td>工具、材料、设备与资料
（1）工具：洛克林环连接工具、钢丝钳、活络扳手、割管器、胀管器、测量工具（钢卷尺、直角尺）、夹具等；
（2）材料：铜管、阀门、焊接材料（焊条）、保温材料、包扎带、胶水、氧气、乙炔等；
（3）设备：焊接设备（焊枪、氧气瓶、乙炔瓶）；
（4）资料：图样、管道连接工艺文件、技术手册、工具书、技术规范、技术标准、操作规程等。
工作方法
（1）管道、管件的制作与清理方法；
（2）管道胀管器与割管器的使用方法；
（3）洛克林环连接工具的使用方法；
（4）管道测量工具的使用方法；
（5）管道焊接的操作方法；
（6）管道焊接质量的检验方法；
（7）管道保温操作方法；
（8）管道连接质量检验方法。
劳动组织方式
（1）从班组长处接受工作任务，从技术人员处接受管道连接的交底；
（2）独立完成管道连接的作业；
（3）自检合格后将工件交付班组长</td><td>工作要求
（1）明确工作内容、产品数量、完成时间等；
（2）了解管道连接的相关信息，明确管道连接技术要求和质量标准，确认管道连接工艺；
（3）接受技术交底，明确管道连接方法、操作顺序、质量检查方法、验收标准及特殊要求等；
（4）针对质量控制关键点和特殊要求，明确相应的控制措施；
（5）按照管道焊接工艺文件要求检查组对质量，确认符合焊接条件；
（6）管道连接材料、设备、工具准备齐全，安全防护、作业环境等达到要求；
（7）连接过程中严格执行管道连接工艺文件要求，针对性措施落实到位；
（8）根据连接工艺文件要求管道焊接无漏点，保温材料与管道要密贴，不能有缝隙；
（9）按照管道连接质量检验标准进行自检，根据需要进行缺陷返修，准确填写自检记录；
（10）按照工作流程及时交付工件，按照设备、工具维护和保养要求进行必要的清理、维护、保养，工作过程中注重职业素养的培养，树立严谨的工作态度，认真执行管理规定</td></tr>
</table>

<table>
<tr><th colspan="3">代表性工作任务</th></tr>
<tr><th>任务名称</th><th>任务描述</th><th>工作时间/h</th></tr>
<tr><td>洛克林环管道连接</td><td>根据制冷空调公司接到的制冷系统管道连接任务，材料为两根铜管（直径均为 10mm，长度均为 30cm）、密封液等若干，要求操作人员将两根直径相同的铜管进行洛克林环管道连接，工时为 16h。
操作人员从班组长处接受洛克林环管道连接任务，领取图样、管道连接工艺文件；准备洛克林环连接工具、密封液和洛克林环管道连接组件等；检查并确认设备、工具、作业场地和周围环境符合安全要求；检查组对质量，</td><td>16</td></tr>
</table>

续表

任务名称	任务描述	工作时间/h
洛克林环管道连接	确认符合要求；进行连接前准备；针对洛克林环管道连接的工艺特点、难点及质量控制关键点，采取相应措施，实施洛克林环管道连接作业；进行外观自检、缺陷返修、交付验收；检验合格后填写自检记录，交付班组长进行工序流转	
非金属管道连接	根据制冷空调公司接到的制冷系统非金属管道连接任务，材料为两根非金属管路（直径分别为 20mm 与 25mm，长度均为 30cm）、密封液等若干，要求操作人员将两根非金属管路进行连接，工时为 16h。 操作人员从班组长处接受非金属管道连接任务，领取图样、管道连接工艺文件；准备熔焊连接工具、密封液和接头等；检查并确认设备、工具、作业场地和周围环境符合安全要求；检查组对质量，确认符合要求；进行连接前准备；针对非金属管道连接的工艺特点、难点及质量控制关键点，采取相应措施，实施非金属管道连接作业；进行外观自检、缺陷返修、交付验收；检验合格后填写自检记录，交付班组长进行工序流转	16
相同管径的铜管焊接及保温层安装	根据制冷空调公司接到的制冷系统管道连接任务，材料为两根铜管（直径均为 10mm，长度均为 30cm），以及管道保温材料和包扎材料若干，要求操作人员将两根相同直径的铜管进行焊接，再按工艺要求用保温材料进行包扎，工时为 16h。 操作人员从班组长处接受管道连接任务，领取图样、管道连接工艺文件；准备焊接设备、气体和工具等；检查并确认设备、工具、作业场地和周围环境符合安全要求；检查组对质量，确认符合要求；进行焊接前准备；针对铜管钎焊的工艺特点、焊接难点及质量控制关键点，采取相应措施，实施焊接作业和保温材料包扎作业；进行外观自检、缺陷返修、交付验收；检验合格后填写自检记录，交付班组长进行工序流转	16
不同管径的铜管焊接及保温层安装	根据制冷空调公司接到的制冷系统管道连接任务，材料为两根铜管（直径分别为 10mm 与 6mm，长度均为 30cm），以及管道保温材料及包扎材料若干，要求操作人员将两根不同直径的铜管进行焊接，再按工艺要求用保温材料进行包扎，工时为 16h。 操作人员从班组长处接受管道连接任务，领取图样、管道连接工艺文件；准备焊接设备、气体和工具等；检查并确认设备、工具、作业场地和周围环境符合安全要求；检查组对质量，确认符合要求；进行焊接前准备；针对铜管钎焊的工艺特点、焊接难点及质量控制关键点，采取相应措施，实施焊接作业和保温材料包扎作业；进行外观自检、缺陷返修、交付验收；检验合格后填写自检记录，交付班组长进行工序流转	16

续表

<table>
<tr><td colspan="3">课程目标</td></tr>
<tr><td colspan="3">学习完本课程后，学生应当能够胜任洛克林环管路连接、铜管的钎焊与管道保温包扎等工作，并严格执行企业安全生产制度、环保管理制度，具备安全意识、质量意识、职业健康和环境保护意识，养成爱岗敬业、自主学习、沟通协调、团队合作等职业素质。具体目标如下：
（1）能读懂管道连接图样和工艺文件，明确工作任务、技术要求和质量标准。
（2）能通过技术交底和有效沟通明确管道的连接方法、焊接流程、保温施工、技术要求和质量标准。
（3）能通过管道连接工艺文件确认组对质量符合要求、预防措施落实到位。
（4）能根据管道连接工艺文件完成连接前的准备工作，并确认作业场地和周围环境达到劳动安全和职业健康要求。
（5）能按要求使用设备和工具，严格执行管道连接工艺文件，完成铜管钎焊与保温材料的包扎；连接过程中能采取有效措施预防和减少管道连接缺陷、铜管虚焊和保温材料包扎不良等现象。
（6）能按要求进行焊接处的清理、自检、表面缺陷的返修；能依据返修通知单及返修工艺文件进行焊接管道连接缺陷返修；能填写自检记录表。
（7）能与相关人员进行有效沟通，获取解决问题的方法和措施，解决工作过程中的常见问题。
（8）能对设备和工具等进行日常维护和保养</td></tr>
<tr><td colspan="3">学习内容</td></tr>
<tr><td colspan="3">本课程的主要学习内容如下：
（1）管道及管道连接相关知识。管道常用材料及其分类、规格、应用等；洛克林环管路连接与管道焊接材料基础知识；管道焊接的特点、标准、规范；管道焊接常见问题及解决方法。
（2）管道图样识读知识。
（3）洛克林环与钎焊工作原理及应用。
（4）钎焊用设备和辅助设备工作原理、使用及维护方法；管道加工与焊接常用工具的使用与维护。
（5）铜管钎焊工艺及操作技能。铜管组对垂直、水平焊接工艺，相同直径、不同直径铜管组对焊接工艺。
（6）保温材料相关知识。常用保温材料的种类、规格、应用等；管道保温材料施工的基础知识；保温材料施工标准与规范，管道保温施工中常见问题与解决方法。
（7）管道保温施工工艺及操作技能。管道保温层的粘贴、包扎工艺，防腐、防潮、保护层的施工工艺。
（8）管道连接质量检验相关知识。
（9）管道焊接作业安全及防护。焊接设备及工具的安全操作规程，作业场地和周围环境的安全要求，管道焊接劳动安全和健康相关规定</td></tr>
<tr><td colspan="3">参考性学习任务</td></tr>
<tr><td>序号</td><td>名称</td><td>学时/h</td></tr>
<tr><td>1</td><td>管道连接</td><td>100</td></tr>
<tr><td>2</td><td>管道防腐与隔热</td><td>50</td></tr>
</table>

续表

教学实施建议
1. 教学组织方式方法建议 采用行动导向的教学方法。为确保教学安全，提高教学质量，建议采用分组教学的形式（2～4人/组）；在完成工作任务的过程中，教师须加强示范与指导，注重学生职业素养和规范操作的培养。在管道切割时不能切瘪铜管，加热铜管时不能融化铜管，组对焊接时不能出现虚焊，在铜管上粘贴保温材料时不能出现缝隙，焊接时重点学习火焰的调整、焊接处的加热、焊剂的加注以及铜管在不同位置时的焊接技能。 2. 教学资源配备建议 （1）教学场地。教学场地须具备良好的安全、照明和通风条件。可分为学习交流区、管道连接区、制冷空调系统安装维修区、制冷空调设备及配件展示区、工具与材料存放区、压力容器存储区、教学成果发布区等，并配备相应的多媒体教学设备。 （2）工具、材料、设备。 工具：洛克林环工具、熔焊连接工具、钢丝钳、活络扳手、割管器、胀管器、测量工具（钢卷尺、直角尺）、夹具等； 材料：非金属管道、铜管、焊接材料（焊条、焊剂）、保温材料、包扎带、胶水、密封液、氧气、乙炔等； 设备：焊接设备（焊枪、氧气瓶、乙炔瓶）。 （3）教学资料。以工作页为主，配备相关教材、图样、管道连接工艺文件、技术手册、工具书、技术规范、技术标准、操作规程、数字化资源等
教学考核要求
采用过程性考核和终结性考核相结合的方式。 1. 过程性考核 采用自我评价、小组互评和教师评价相结合的方式进行考核；让学生学会自我评价，教师要善于观察学生的学习过程，结合学生的自我评价、小组评价进行总评并提出改进建议。 （1）课堂考核：考核出勤、学习态度、课堂纪律、小组合作与展示等情况。 （2）作业考核：考核工作页的完成情况、课后练习等情况。 （3）阶段考核：纸笔测试、实操测试、口述测试。 2. 终结性考核 学生根据任务情境中的要求，按照作业规范，在规定时间内完成管道连接任务，达到行业规定的质量标准；教师按任务要求进行考核，并提前准备好考核所需的工具、材料、设备和资料等。 考核任务案例：分体式空调器移机，原铜管需要加长连接。 情境描述：某用户3 500W的分体式空调器需要移机操作，但新的安装房间因室外机与室内之间距离比原安装的要长，现需要将原铜管加长1m，并包扎好，现安排你在规定的时限内完成此任务。 任务要求：根据任务的情境描述，在90min内完成： （1）写出管道连接标注含义、连接尺寸和连接前的准备工作。

续表

教学考核要求
（2）写出铜管焊接所需要的材料、设备、工具等。 （3）写出铜管保温所需要的材料、工具等。 （4）写出管道连接时质量控制的关键点和相应控制措施。 （5）完成铜管加长及保温包扎的操作。 参考资料：完成上述任务时，可以使用所有的教学资料，如工作页、相关教材、技术手册、工具书、技术规范、技术标准、操作规程、空调器说明书等

表 2–7　制冷空调系统安装课程标准

一体化课程名称	制冷空调系统安装	基准学时/h	500
典型工作任务描述			
制冷空调系统安装是操作人员借助各类材料、设备、工具对制冷空调系统中制冷剂系统、通风系统、水系统、电气控制系统进行集成安装，使制冷空调系统具备对物品或空间的调温、调湿、通风、洁净等功能，满足舒适性空调、工艺性空调以及冷库的冷冻冷藏的技术要求。制冷空调系统安装涉及水、电、气等多工种的协调配合。操作人员应持有相应特种作业操作证。工作过程如下： 制冷空调安装人员从班组长处接受制冷空调系统安装任务，领取图纸、安装工艺文件、技术要求和材料；准备安装用设备、气体、工具等；检查确认设备、工具、操作现场和周围环境符合安全要求；分析制冷空调系统安装次序、相互间的衔接与操作流程的特点、难点及质量控制关键点，采取相应的控制措施；检查每个安装环节的质量，确认符合要求；进行安装前准备，实施制冷剂系统、通风系统、水系统、电气控制系统安装作业；安装完成后进行现场清理，对系统进行自检、缺陷返修；待制冷空调系统运行符合要求后交付检验；检验合格后填写自检记录，交付班组长进行工序流转。 在工作过程中，树立严谨的工作态度，严格按工艺文件和工作流程开展工作，注意团结协作、沟通交流和劳动保护，养成良好的职业素养；在作业过程中，严格遵守和执行岗位操作规程，安全、质量、环境及职业健康等管理制度			

工作内容分析		
工作对象 （1）工作任务的领取与分析； （2）设计图纸、产品说明书和安装施工文件的识读； （3）技术交底内容的理解和掌握；	**工具、材料、设备与资料** （1）工具：钢丝钳、活络扳手、割管器、胀管器、测量工具（框式水平仪、千分表、平尺、钢卷尺、直角尺）、夹具、冲击钻、万用表、绝缘表等； （2）材料：铜管、焊接材料（焊条）、油料（润滑油、润滑脂）、清洗剂、制冷剂、保温材料、包扎带、胶水、氮气、	**工作要求** （1）明确安装内容、制冷空调系统安装规模与设备数量、完成时间等； （2）了解制冷空调系统安装相关的信息，明确制冷空调系统安装技术要求和质量标准，确认制冷空调系统安装工艺；

续表

<table>
<tr><th colspan="3">工作内容分析</th></tr>
<tr><td>（4）质量控制措施的确定；
（5）各系统安装质量的检验；
（6）安装前准备，包括对操作现场、水、电、气和周围环境的检查与确认；
（7）制冷剂系统及设备（含整机、部件、阀件、管路等）的安装；
（8）水系统及设备（水泵、冷却塔、水箱、阀门、管道等）的安装；
（9）通风系统及设备（风机、阀门、风管等）的安装；
（10）电气控制系统（含强电与弱电等）的安装；
（11）制冷空调系统安装质量的自检和缺陷的返修；
（12）安装工程的交付和现场整理</td><td>氧气、乙炔等；
（3）设备：吊装设备（钢丝绳、轧头、卡环、链式起重机等）、移动设备焊接设备（焊枪、氧气瓶、乙炔瓶）等；
（4）资料：图纸、产品说明书、安装施工工艺文件、技术手册、工具书、技术规范、技术标准、操作规程等。
工作方法
（1）安装现场察看与清理；
（2）安装施工设备配备与使用方法；
（3）制冷空调设备安装测量工具的使用方法；
（4）制冷空调系统安装施工流程的确定；
（5）安装所需要的材料准备；
（6）各系统安装质量的检验方法；
（7）制冷剂系统安装操作方法；
（8）通风系统安装施工方法；
（9）水系统安装施工方法；
（10）电气控制系统安装方法；
（11）制冷空调系统安装质量检验标准。
劳动组织方式
（1）从班组长处接受工作任务，从技术人员处接受制冷空调系统安装的交底；
（2）团结协作完成制冷空调系统集成安装的作业；
（3）自检合格后将安装工程交付班组长</td><td>（3）接受技术交底，明确管道连接方法、操作顺序、质量检查方法和验收标准及特殊要求等；
（4）针对质量控制关键点和特殊要求，明确相应的控制措施；
（5）按照制冷空调系统安装工艺文件要求检查制冷空调系统安装质量，确认符合设计条件；
（6）制冷空调系统安装材料、设备、工具准备齐全，安全防护、作业环境等达到要求；
（7）系统安装连接过程中严格执行制冷空调系统安装工艺文件要求，针对性措施落实到位；
（8）根据制冷空调系统安装工艺文件要求整体机组及压缩机、风机、水泵、换热器等设备安装平稳与平整，各类管道及阀门安装不能泄漏，管道布置符合设计要求，保温材料与管道要紧密贴合、不能有缝隙；
（9）按照制冷空调系统安装质量检验标准进行自检，根据需要进行缺陷返修，准确填写自检记录；
（10）按照工作流程及时交付安装工程，按照设备、工具维护保养要求进行必要的清理、维护、保养，工作过程中注重职业素养的培养，树立严谨的工作态度，认真执行管理规定</td></tr>
<tr><th colspan="3">代表性工作任务</th></tr>
<tr><th>任务名称</th><th>任务描述</th><th>工作时间/h</th></tr>
<tr><td>分体式空调器及电路安装</td><td>根据制冷空调安装公司接到的分体式空调器安装任务，空调机型为3 500W，所需材料为铜管（直径为10mm、长度为3～5m），空调安装架两个，管道保温材料、电线及包扎材料若干。要求安装人员为用户安装好该空调器，并使其正常运行，工时为32h</td><td>32</td></tr>
</table>

续表

任务名称	任务描述	工作时间/h
分体式空调器及电路安装	安装人员从班组长处接受分体式空调器安装任务，领取空调器、安装架、管道、材料；准备设备、制冷剂和工具等；与用户沟通了解安装要求，检查并确认设备、工具、作业场地和周围环境符合安全要求；阅读产品说明书，检查空调器、安装架质量，确认符合要求；进行安装前准备；针对分体式空调器安装的工艺特点及安装现场的情况，分析安装难点及质量控制关键点，采取相应措施，实施分体式空调器室内及室外机的安装作业，进行铜管与导线的保温材料包扎作业、制冷剂管道连接与电线安装，进行制冷剂系统检漏与抽真空、制冷剂调整、通电运行；外观自检，缺陷返修，交付验收；检验合格后填写自检记录，交付班组长进行工序流转	32
风机盘管吊装及管道与电路连接	根据制冷空调安装公司接到的风机盘管安装任务，风机盘管机型为3 500W；需要材料为钢管（直径为25mm、长度大于5m），吊杆若干，电线、电动阀、控制器、管道保温材料及包扎材料若干。要求安装人员为用户安装好风机盘管，并使其正常运行，工时为32h。 安装人员从班组长处接受风机盘管安装任务，领取风机盘管、吊杆、管道、电线、材料；准备设备和工具等；与用户沟通了解安装要求，检查并确认设备、工具、作业场地和周围环境符合安全要求；阅读产品说明书，检查风机盘管、电动阀质量，确认符合要求；进行安装前准备；针对风机盘管安装的工艺特点及安装现场的情况，分析安装难点及质量控制关键点，采取相应措施，实施风机盘管吊装、管道连接、电动阀的安装作业，钢管的保温材料包扎作业，进行管道检漏、通电运行；外观自检，缺陷返修，交付验收；检验合格后填写自检记录，交付班组长进行工序流转	32
空调用制冷系统安装	根据制冷空调安装公司接到的空调用制冷系统安装任务，空调用制冷系统机型为35kW的冷水机组（活塞式或螺杆式）；需要材料为钢管（直径为50mm、长度大于10m），空调冷水机组安装基础一个，软接头、管道保温材料、电线及包扎材料若干。要求操作人员为用户安装好该空调机组，并使其正常运行，工时为32h。 操作人员从班组长处接受冷水机组安装任务，制作好安装基础，领取冷水机组、管道、软接头、电线、材料；准备设备、制冷剂和工具等；与用户沟通了解安装要求，检查并确认设备、工具、作业场地和周围环境符合安全要求；检查空调用冷水机组与安装基础质量，确认符合要求；进行安装前准备；针对冷水机组安装的工艺特点及安装现场的情况，分析安装难点及质量控制关键点，采取相应措施，实施冷水机组的安装作业，进行管道连接与电线安装、冷冻水管的保温材料包扎作业，进行制冷剂系统及水系统检漏、制冷剂调整、通电运行及运行参数调整；外观自检，缺陷返修，交付验收；检验合格后填写自检记录，交付班组长进行工序流转	32

续表

任务名称	任务描述	工作时间/h
小型冷库制冷系统安装	根据制冷空调安装公司接到的小型冷库制冷系统安装任务，小型冷库制冷系统的组成为10kW的活塞式压缩冷凝机组、冷风机与冷却水塔、电气控制系统，需要材料为钢管（直径为10～160mm、长度大于10m），活塞式压缩冷凝机组安装基础一个，管道保温材料、电线及包扎材料若干。要求操作人员为用户安装好小型冷库制冷系统，并使其正常运行，工时为64h。 操作人员从班组长处接受小型冷库制冷系统安装任务，制作好安装基础及冷库建筑，领取活塞式压缩冷凝机组、冷风机与冷却水塔、各种阀类、电气控制系统、管道、材料；准备设备、制冷剂和工具等；检查确认设备、工具、作业场地和周围环境符合安全要求；与用户沟通了解安装要求，检查空调用小型冷库制冷系统、冷风机与冷却水塔安装基础质量，确认符合要求；进行安装前准备；针对活塞式压缩冷凝机组、冷风机、冷却水塔与电气控制系统安装的工艺特点及安装现场的情况，分析安装难点及质量控制关键点，采取相应措施，实施小型冷库制冷系统的安装作业，进行管道连接与电线安装、钢管的保温材料包扎作业，进行制冷剂系统及水系统检漏、制冷剂调整、通电运行及运行参数调整；外观自检，缺陷返修，交付验收；检验合格后填写自检记录，交付班组长进行工序流转	64
制冷空调用水系统安装	根据制冷空调安装公司接到的制冷空调用水系统安装任务，水泵为3 500W，冷却水塔或集分水器、电气控制系统；需要材料为钢管（直径为25mm、长度大于5m），软接头及各类阀件、电线、电动阀、管道保温材料及包扎材料若干。要求操作人员为用户安装好制冷空调用水系统，并使其正常运行，工时为64h。 操作人员从班组长处接受制冷空调用水系统安装任务，领取水泵及安装基础，领取冷却水塔或集分水器、软接头及各类阀件、管道、电线、材料；准备设备和工具等；检查确认设备、工具、作业场地和周围环境符合安全要求；与用户沟通了解安装要求，检查制冷空调用水系统各设备的质量，确认符合要求；进行安装前准备；针对制冷空调用水系统安装的工艺特点及安装现场的情况，分析水系统安装难点及质量控制关键点，采取相应措施，实施制冷空调用水系统安装及水泵、管道连接的安装作业、钢管的保温材料包扎作业，进行管道检漏、通电运行；外观自检，缺陷返修，交付验收；检验合格后填写自检记录，交付班组长进行工序流转	64

续表

任务名称	任务描述	工作时间/h
复叠式制冷系统安装	根据制冷空调安装公司接到的复叠式制冷系统安装任务，复叠式制冷系统机型为 35kW 的冷水机组（高温级与低温级压缩机、冷凝器、蒸发器、电气控制系统、膨胀阀与干燥过滤器）；需要材料为钢管（直径为 50mm、长度大于 10m），压缩机安装基础两个，管道保温材料、电线及包扎材料若干。要求操作人员为用户安装好复叠式制冷系统，并使其正常运行，工时为 64h。 操作人员从班组长处接受复叠式制冷系统安装任务，制作好安装基础，领取高温级与低温级压缩机、冷凝器、蒸发器、电气控制系统、膨胀阀与干燥过滤器、管道、材料；准备设备、制冷剂和工具等；检查并确认设备、工具、作业场地和周围环境符合安全要求；与用户沟通了解安装要求，检查复叠式制冷系统设备与安装基础质量，确认符合要求；进行安装前准备；针对复叠式制冷系统安装的工艺特点及安装现场的情况，分析安装难点及质量控制关键点，采取相应措施，实施复叠式制冷系统的安装作业，管道连接与电线安装、管道的保温材料包扎作业，进行制冷剂系统检漏、抽真空、制冷剂适量充注、通电运行及运行参数调整；外观自检，缺陷返修，交付验收；检验合格后填写自检记录，交付班组长进行工序流转	64
双级压缩式制冷系统安装	根据制冷空调安装公司接到的双级压缩式制冷系统安装任务，双级压缩式制冷系统为 35kW（高压级与低压级压缩机、冷凝器、中冷器械、蒸发器、膨胀阀、油分离器、干燥过滤器、气流分离器、电气控制系统）；需要材料为钢管（直径为 10～20mm、长度大于 10m），压缩机安装基础两个，管道保温材料、电线及包扎材料若干。要求操作人员为用户安装好双级压缩式制冷系统，并使其正常运行，工时为 64h。 操作人员从班组长处接受双级压缩式制冷系统安装任务，制作好安装基础，领取高压级与低压级压缩机、冷凝器、中冷器械、蒸发器、膨胀阀、油分离器、干燥过滤器、气流分离器、电气控制系统、管道、材料；准备设备、制冷剂和工具等；检查并确认设备、工具、作业场地和周围环境符合安全要求；与用户沟通了解安装要求，检查双级压缩式制冷系统各设备与安装基础质量，确认符合要求；进行安装前准备；针对双级压缩式制冷系统安装的工艺特点及安装现场的情况，分析安装难点及质量控制关键点，采取相应措施，实施双级压缩式制冷系统的安装作业，进行钢管的保温材料包扎作业、管道连接与电线安装，进行制冷剂系统检漏、抽真空、制冷剂适量充注、通电运行及运行参数调整；外观自检，缺陷返修，交付验收；检验合格后填写自检记录，交付班组长进行工序流转	64

续表

课程目标
学习完本课程后，学生应当能够胜任制冷空调系统安装等工作，并严格执行企业安全生产制度、环保管理制度，具备安全意识、质量意识、职业健康和环境保护意识，养成爱岗敬业、自主学习、沟通协调、团队合作等职业素质。具体目标如下： （1）能读懂制冷空调系统安装设计图纸和工艺文件，明确工作任务、技术要求和质量标准。 （2）能通过技术交底和有效沟通明确制冷空调系统安装方法、制冷空调系统安装流程、保温施工、技术要求和质量标准。 （3）能通过图样和制冷空调系统安装工艺文件确认设备质量符合要求、预防措施落实到位。 （4）能根据制冷空调系统安装工艺文件完成安装前的准备工作，并确认作业场地和周围环境达到劳动安全和职业健康要求。 （5）能按要求使用设备和工具，严格执行管道连接工艺文件，完成各制冷空调系统安装；安装过程中能采取有效措施预防和减少制冷空调系统安装缺陷、机组安装不平稳、管道虚焊和保温材料包扎不严等现象。 （6）能按要求进行制冷空调系统安装处的清理、自检、制冷空调系统安装缺陷的返修；能依据返修通知单及返修工艺文件进行制冷空调系统安装缺陷返修；能填写自检记录表。 （7）能与相关人员进行有效沟通，获取解决问题的方法和措施，解决工作过程中的常见问题。 （8）能对设备和工具等进行日常维护和保养
学习内容
本课程的主要学习内容包括： （1）制冷空调系统相关知识。制冷空调系统安装中需要的相关知识包括：热工基础、流体力学、制冷原理、空气调节基础、制冷技术、通风与净化技术、电气控制技术，各类制冷空调机组分类、规格、应用等，各类制冷空调系统的特点、标准、规范，制冷空调系统安装中常见问题及解决方法。 （2）制冷空调系统安装工程图的识读知识。 （3）制冷空调系统安装知识。制冷空调系统安装中各类系统的布置安装原则，制冷空调系统安装中常见问题及解决方法。 （4）安装用设备和辅助设备工作原理、使用及维护，管道加工与焊接常用工具的使用与维护。 （5）制冷空调系统安装工艺及操作技能。安装基础制作要求，机组上位、找平、管道布置原则，系统安装流程、技术要求等。 （6）保温材料相关知识。管道常用保温材料的种类、规格、应用等；管道保温材料施工的基础知识；保温材料施工标准与规范，管道保温施工中常见问题与解决方法。 （7）管道保温施工工艺及操作技能。管道保温的粘贴、包扎工艺，防腐、防潮、保护层的施工工艺。 （8）制冷空调系统安装质量检验相关知识。 （9）制冷空调系统安装作业安全及防护。制冷空调系统安装设备及工具的安全操作规程，作业场地和周围环境的安全要求，管道焊接劳动安全和健康相关规定

续表

参考性学习任务		
序号	名称	学时/h
1	热工基础	40
2	流体力学及泵与风机	40
3	制冷原理与设备	40
4	空气调节基础	40
5	通风与净化技术	40
6	电气控制基础	60
7	分体式空调器及电路安装	40
8	风机盘管吊装及管道与电路连接	40
9	空调用制冷系统安装	40
10	小型冷库制冷系统安装	40
11	制冷空调用水系统安装	40
12	复叠式制冷系统安装	40

教学实施建议

1. 教学组织方式方法建议

采用行动导向的教学方法。为确保教学安全，提高教学质量，建议采用分组教学的形式（2～4 人/组），在完成工作任务的过程中，教师须加强示范与指导，注重对学生职业素养和规范操作的培养。

根据制冷空调系统安装工艺文件要求，整体机组及压缩机、风机、水泵、换热器等设备安装平稳与平整，各类管道及阀门安装不能出现泄漏、管道布置符合设计要求、保温材料与管道要密贴不能有缝隙。

制冷空调系统安装时重点学习制冷剂系统、通风系统、水系统与电气控制系统的压缩机、风机、水泵安装技术要求及流体输配管道与阀件的布置原则、系统集成安装注意事项、安装所用设备与工具的操作使用及安装操作技能。

2. 教学资源配备建议

（1）教学场地。教学场地须具备良好的安全、照明和通风条件。教学场地可分为学习交流区、管道连接区、制冷空调系统安装维修区、制冷空调设备及配件展示区、工具与材料存放区、压力容器存储区、教学成果发布区等，并配备相应的多媒体教学设备等。

续表

教学实施建议
（2）工具、材料、设备。 工具：钢丝钳、活络扳手、割管器、胀管器、测量工具（框式水平仪、千分表、平尺、钢卷尺、直角尺）、夹具、万用表、绝缘表等； 材料：铜管、焊接材料（焊条）、油料（润滑油、润滑脂）、清洗剂、制冷剂、保温材料、包扎带、胶水、氧气、乙炔等； 设备：吊装设备（钢丝绳、轧头、卡环、链式起重机等）、移动设备焊接设备（焊枪、氧气瓶、乙炔瓶）。 （3）教学资料。图纸、产品说明书、安装施工工艺文件、技术手册、工具书、技术规范、技术标准、操作规程、数字化资源等
教学考核要求
采用过程性考核和终结性考核相结合的方式。 1. 过程性考核 采用自我评价、小组互评和教师评价相结合的方式进行考核；让学生学会自我评价，教师要善于观察学生的学习过程，结合学生的自我评价、小组评价进行总评并提出改进建议。 （1）课堂考核：考核出勤、学习态度、课堂纪律、小组合作与展示等情况。 （2）作业考核：考核工作页的完成情况、课后练习等情况。 （3）阶段考核：纸笔测试、实操测试、口述测试。 2. 终结性考核 学生根据任务情境中的要求，按照作业规范，在规定时间内完成系统安装任务，达到行业规定的质量标准；教师按任务要求进行考核并提前准备好考核所需的工具、材料、设备和资料等。 考核任务案例：分体式空调器安装。 情境描述：某用户需要安装 3 500W 的分体式空调器，空调器内充注 R32 制冷剂，现安排在规定的时限内完成此任务。 任务要求： 根据任务的情境描述，在 90min 内完成： （1）写出分体式空调器的标注含义、空调器的结构尺寸和安装前的准备工作。 （2）写出安装分体式空调器所需要的材料、设备、工具等。 （3）写出安装分体式空调器时质量控制的关键点和相应控制措施。 （4）完成安装分体式空调器的操作。 参考资料：完成上述任务时，可以使用所有的教学资料，如工作页、相关教材、技术手册、工具书、技术规范、技术标准、操作规程、空调器说明书等

表 2–8 制冷空调系统调试课程标准

<table>
<tr><td>一体化课程名称</td><td>制冷空调系统调试</td><td>基准学时/h</td><td>200</td></tr>
<tr><td colspan="4">典型工作任务描述</td></tr>
<tr><td colspan="4">制冷空调系统调试是操作人员借助各类材料、设备、工具对制冷空调系统中的制冷剂系统、通风系统、水系统、电气控制系统进行安装后的运行参数与性能的调整，使安装后的制冷空调系统满足物品或空间空气品质的控制功能与性能要求，最终达到设计的技术要求。制冷空调系统调试涉及水、电、气等多种工种协调配合。操作人员应持有相应特种作业操作证。工作过程如下：
制冷空调系统调试人员从班组长处接受制冷空调系统调试任务，领取设计图纸、系统调试文件、技术要求和材料；准备调试用设备、材料、仪器及工具等；检查确认设备、仪器工具、测试现场和周围环境符合安全要求；与安装人员沟通交流，分析制冷空调系统调试次序与操作流程的特点、难点及质量控制关键点，采取相应的控制措施；检查每个调试环节的性能，确认符合要求；进行调试前准备，实施制冷剂系统、通风系统、水系统、电气控制系统的调试与调整作业；调试完成后进行现场清理，系统调试后进行系统性能分析，给出测试结果；待制冷空调系统运行符合要求后交付检验，检验合格后填写自检记录，交付班组长进行工序流转。
在工作过程中，工作人员应树立严谨的工作态度，严格按工艺文件和工作流程开展工作，注意团结协作、沟通交流和劳动保护，养成良好的职业素养；在作业过程中，应严格遵守和执行岗位操作规程，安全、质量、环境及职业健康等管理制度</td></tr>
<tr><td colspan="4">工作内容分析</td></tr>
<tr><td>工作对象
（1）工作任务的领取与分析；
（2）设计图纸、产品说明书和调试文件的识读；
（3）技术交底内容的理解和掌握；
（4）质量控制措施的确定；
（5）各系统调试性能的检验；
（6）调试前准备，操作现场、水、电、气和周围环境的检查确认；
（7）制冷剂系统及设备（含整机、部件、阀件、管路等）的调试；</td><td>工具、材料、设备与资料
（1）工具：钢丝钳、活络扳手、测试工具（水平仪、千分表、温湿度测试仪表、流量仪表、压力测量仪器、流量与流速测量仪器）、夹具、万用表、绝缘表等；
（2）材料：油料（润滑油、润滑脂）、清洗剂、制冷剂、保温材料、包扎带、胶水等；
（3）设备：计算机及软件等；
（4）资料：图纸、产品说明书、安装施工工艺文件、技术手册、工具书、技术规范、技术标准、操作规程等。
工作方法
（1）调试现场察看与清理；
（2）调试仪表仪器的配备与使用方法；
（3）制冷空调系统运行的方法；
（4）制冷空调系统调试流程或方案的制订；</td><td colspan="2">工作要求
（1）明确调试内容、制冷空调系统调试规模与设备数量、完成时间等；
（2）了解制冷空调系统调试相关的信息，明确制冷空调系统调试技术要求和性能标准，确认制冷空调系统调试方案；
（3）接受技术交底，明确调试方法、操作顺序、性能分析方法和调试报告内容及特殊要求等；
（4）针对调试分析关键点和特殊要求，明确相应的控制措施；
（5）按照制冷空调系统调试性能分析报告检查制冷空调系统性能质量，确认制冷空调系统运行状况；
（6）制冷空调系统调试材料、设备、工具准备齐全，安全防护、作业环境等达到要求；</td></tr>
</table>

续表

<table>
<tr><th colspan="3">工作内容分析</th></tr>
<tr><td>（8）水系统及设备（水泵、冷却塔、水箱、阀门、管道等）的调试；
（9）通风系统及设备（风机、阀门、风管等）的调试；
（10）电气控制系统（含强电与弱电等）的调试；
（11）制冷空调系统调试性能分析；
（12）调试报告的交付和现场整理</td><td>（5）调试所需要的材料准备及仪器固定；
（6）各系统参数测试与调整的方法；
（7）制冷剂系统测试与调整方法；
（8）通风系统测试与调整方法；
（9）水系统测试与调整方法；
（10）电气控制系统测试与调整方法；
（11）制冷空调系统性能测试分析及完成调试报告。
劳动组织方式
（1）从班组长处接受工作任务，从技术人员处接受制冷空调系统调试的交底；
（2）团结协作完成制冷空调系统调试的作业；
（3）自检合格后将调试报告交付班组长</td><td>（7）调试过程中严格执行制冷空调系统调试方案文件要求，将针对性措施落实到位；
（8）根据制冷空调系统调试方案要求，制冷空调系统运行参数测试操作正确，测试工具完好、仪器精度符合要求，数据分析与处理合理；
（9）按照制冷空调系统调试结果检验标准进行自检，根据需要进行重新调试修理，准确填写调试记录；
（10）按照工作流程及时交付调试报告，按照测试设备、工具维护保养要求进行必要的清理、维护、保养，工作过程中注重对工作人员职业素养的培养，使其树立严谨的工作态度，认真执行管理规定</td></tr>
</table>

代表性工作任务		
任务名称	**任务描述**	**工作时间/h**
制冷空调系统性能参数测定与调整（分体式空调器）	根据制冷空调公司接到的制冷空调系统性能参数测定与调整（分体式空调器）任务，空调机型为3 500W，需要六角扳手、钳形电流表、电子温度计、修理表阀、风速仪、旋具、肥皂水、制冷剂等工具与材料，要求操作人员为用户调整好该空调器，实现空调器最佳功能，工时为24h。 操作人员从班组长处接受分体式空调器调试任务，领取六角扳手、钳形电流表、电子温度计、修理表阀、风速仪、旋具、肥皂水等工具与材料；准备制冷剂和工具等；检查确认工具、作业场地和周围环境符合安全要求；检查调试工具仪器质量，确认符合要求；进行调试前准备；针对分体式空调器调试特点及安装现场的情况，分析测试与调整的难点及质量控制关键点，采取相应措施，调整分体式空调器的温度、压力、电流等性能参数，交付验收；检验合格后填写调试记录，交付班组长进行工序流转	24
电气控制电路的参数测定与调整	根据制冷空调公司接到的电气控制电路的参数测定与调整任务，小型制冷系统制冷量为7 200W，需要六角扳手、电子温度计、万用表、绝缘表等工具与材料，要求操作人员为安装好的小型制冷系统进行性能调整，并使其正常运行，工时为24h	24

续表

任务名称	任务描述	工作时间/h
电气控制电路的参数测定与调整	操作人员从班组长处接受电气控制电路的参数测定与调整任务，领取六角扳手、钳形电流表、电子温度计、旋具、电线等材料；检查确认设备、工具、作业场地和周围环境符合安全要求；检查小型制冷系统安装质量，确认符合要求；进行调试前准备；针对小型制冷系统电气控制电路参数（如电流、电压参数）的调整工艺特点及安装现场的情况，分析调试难点及质量控制关键点，采取相应措施，实施电气控制电路的参数测定与调整作业，使控制电流、电压等参数满足运行要求，通电自检，缺陷返修，交付验收；检验合格后填写自检记录，交付班组长进行工序流转	24
空调用制冷系统性能调试	根据制冷空调公司接到的空调用制冷系统性能调试任务，空调用制冷系统机型为35kW的冷水机组（活塞式或螺杆式），需要材料为钢管（直径为50mm、长度大于10m），六角扳手、电子温度计、风速仪、万用表、绝缘表等工具与电线若干，要求操作人员为安装好的空调用制冷系统进行性能调试，并使其正常运行，工时为24h。 操作人员从班组长处接受空调用制冷系统性能调试任务，领取六角扳手、钳形电流表、电子温度计、旋具、肥皂水、电线、材料；检查确认设备、工具、作业场地和周围环境符合安全要求；检查空调用冷水机组与安装基础质量，确认符合要求；进行调试前准备；针对冷水机组调试的工艺特点及安装现场的情况，分析调试难点及质量控制关键点，采取相应措施，实施空调用制冷系统性能调试作业，进行制冷剂调整、通电运行及运行参数（温度、压力）调整；调试自检，缺陷返修，交付验收；检验合格后填写自检记录，交付班组长进行工序流转	24
小型冷库制冷系统性能调试	根据制冷空调公司接到的小型冷库制冷系统调试任务，小型冷库制冷系统为10kW的活塞式压缩冷凝机组、冷风机与冷却水塔、电气控制系统，需要材料为钢管（直径为10～160mm，长度大于10m），活塞式压缩冷凝机组安装基础一个，管道保温材料、电线及包扎材料若干，要求操作人员为安装好的小型冷库制冷系统进行性能调试，并能正常工作运行，工时为24h。 操作人员从班组长处接受小型冷库制冷系统性能调试任务，制作好安装基础及冷库建筑，领取六角扳手、钳形电流表、电子温度计、旋具、肥皂水、电线、材料；检查确认设备、工具、作业场地和周围环境符合安全要求；检查小型冷库制冷系统安装质量，确认符合要求；进行调试前准备；针对小型冷库制冷系统性能调试的工艺特点及安装现场的情况，分析调试难点及质量控制关键点，采取相应措施，实施小型冷库制冷系统性能调试作业，进行制冷剂调整、通电运行及运行参数（温度、压力）调整；调试自检，缺陷返修，交付验收；检验合格后填写自检记录，交付班组长进行工序流转	24

续表

任务名称	任务描述	工作时间/h
制冷空调用水系统调试	根据制冷空调公司接到的制冷空调用水系统调试任务，水泵为 3 500W，冷却水塔或集分水器、软接头及各类阀件、电线、电动阀、管道保温材料及包扎材料若干，要求操作人员为安装好的制冷空调用水系统进行调试，并能正常工作运行，工时为 24h。 操作人员从班组长处接受制冷空调用水系统调试任务，领取软接头及各类阀件、管道、电线、材料；准备设备和工具等；检查确认设备、工具、作业场地和周围环境符合安全要求；检查制冷空调用水系统各设备的安装质量，确认符合要求；进行调试前准备；针对制冷空调用水系统调试的工艺特点及安装现场的情况，分析调试难点及质量控制关键点，采取相应措施，实施制冷空调用水系统（流量、压力）调试、水泵、管道连接的调整作业；通电自检，缺陷返修，交付验收；检验合格后填写自检记录，交付班组长进行工序流转	24
通风系统风量和风压的调整	根据制冷空调公司接到的通风系统风量和风压的调整任务，空调通风系统为 35kW 的冷水机组，管道保温材料、电线及包扎材料若干，要求操作人员为用户安装好复叠式制冷系统，并能正常工作运行，工时为 24h。 操作人员从班组长处接受通风系统风量和风压的调整任务，领取六角扳手、钳形电流表、电子温度计、倾斜式微压计、毕托管、风速仪、通风干湿球温度计、万用表、绝缘表等工具材料；检查确认设备、工具、作业场地和周围环境符合安全要求；检查通风系统安装质量，确认符合要求；进行调试前准备；针对通风系统风量和风压的调整的工艺特点及安装现场的情况，分析调试难点及质量控制关键点，采取相应措施，实施通风系统风量和风压的调整作业；通电自检，缺陷返修，交付验收；检验合格后填写自检记录，交付班组长进行工序流转	24
调整制冷空调系统电气控制参数	根据制冷空调公司接到调试制冷空调系统电气控制参数任务，热泵型空调器制冷量为 3 500W，需要工具与材料为万用表、安装维修工具、管道保温材料、电线及包扎材料若干，要求操作人员为安装好的空调器进行电气控制参数调试，并能正常工作运行，工时为 24h。 操作人员从班组长处接受调试制冷空调系统电气控制参数任务，领取万用表、安装维修工具与材料；准备设备和工具等；检查确认设备、工具、作业场地和周围环境符合安全要求；检查空调器安装质量，确认符合要求；进行调试前准备；针对制冷空调系统电气控制参数调试的工艺特点及安装现场的情况，分析调试难点及质量控制关键点，采取相应措施，实施制冷空调系统电气控制参数调试作业。调试要求：对制冷额定工作电流、制热额定工作电流、最大运行电流的调整作业；通电自检，缺陷返修，交付验收；检验合格后填写自检记录，交付班组长进行工序流转	24

续表

任务名称	任务描述	工作时间/h
调试制冷空调系统通信线路	根据制冷空调公司接到调试制冷空调系统通信线路任务，热泵型空调器制冷量为 3 500W，需要工具材料为万用表、安装维修工具管道保温材料、电线及包扎材料若干，要求操作人员为安装好的空调器进行通信线路调试，并能正常工作运行，工时为 24h。 操作人员从班组长处接受调试制冷空调系统通信线路任务，领取万用表、安装维修工具与材料；准备设备和工具等；检查确认设备、工具、作业场地和周围环境符合安全要求；检查空调器安装质量，确认符合要求；进行调试前准备；针对制冷空调系统通信线路调试的工艺特点及安装现场的情况，分析调试难点及质量控制关键点，采取相应措施，实施制冷空调系统通信线路调试作业。通信要求：主机发送信号，从机接收；从机发送信号，主机接收、通电自检，缺陷返修，交付验收；检验合格后填写自检记录，交付班组长进行工序流转	24

课程目标

学习完本课程后，学生应当能够胜任制冷空调系统调试等工作，并严格执行企业安全生产制度、环保管理制度，具备安全意识、质量意识、职业健康和环境保护意识，养成爱岗敬业、自主学习、沟通协调、团队合作等职业素质。职业素质如下：

（1）能读懂制冷空调系统设计图纸和工艺文件，明确工作任务、技术要求和质量标准。

（2）能通过技术交底和有效沟通明确制冷空调系统调试方法、制冷空调系统调试流程、技术要求和性能标准。

（3）能通过制冷空调系统调试工艺文件确认设备质量符合要求、预防措施到位。

（4）能根据制冷空调系统调试工艺文件完成安装前准备工作，并确认作业场地和周围环境达到劳动安全和职业健康要求。

（5）能按要求使用设备和工具，严格执行管道连接工艺文件要求，完成各制冷空调系统调试；调试过程中能采取有效措施预防和减少制冷空调系统运行缺陷、机组不平稳等现象。

（6）能按要求进行制冷空调系统调试处的清理、自检返修；能依据返修通知单及返修工艺文件进行制冷空调系统参数调整；能填写自检记录表。

（7）能与相关人员进行有效沟通，获取解决问题的方法和措施，解决工作过程中的常见问题。

（8）能对设备和工具等进行日常维护和保养

学习内容

本课程的主要学习内容如下：

（1）制冷空调系统相关知识。制冷空调系统安装中需要的相关知识有热工基础，流体力学，制冷原理与设备，空气调节基础，制冷技术，通风与净化技术，电气控制技术，各类制冷空调机组分类、规格、应用等，各类制冷空调系统的特点、标准、规范；制冷空调系统调试中常见问题及解决方法。

续表

<table>
<tr><th colspan="3">学习内容</th></tr>
<tr><td colspan="3">（2）制冷空调系统工程图的识读知识。
（3）制冷空调系统参数测量与调整知识。制冷空调系统调试中温度、压力、电流、功率等参数调试中常见问题及解决方法。
（4）调试用设备和辅助设备工作原理、使用及维护。
（5）制冷空调系统调试操作技能。调试仪器安装要求、调试设备布置原则、系统调试流程、技术要求等。
（6）制冷空调系统调试质量检验相关知识。
（7）制冷空调系统调试作业安全及环境防护。包括制冷空调系统调试设备及工具的安全操作规程；作业场地和周围环境的安全要求；劳动安全和健康相关规定</td></tr>
<tr><th colspan="3">参考性学习任务</th></tr>
<tr><td>序号</td><td>名称</td><td>学时/h</td></tr>
<tr><td>1</td><td>热工测试</td><td>60</td></tr>
<tr><td>2</td><td>电气控制调试</td><td>20</td></tr>
<tr><td>3</td><td>通风系统调试</td><td>20</td></tr>
<tr><td>4</td><td>空调用制冷系统调试</td><td>20</td></tr>
<tr><td>5</td><td>小型冷库制冷系统调试</td><td>30</td></tr>
<tr><td>6</td><td>制冷空调用水系统调试</td><td>20</td></tr>
<tr><td>7</td><td>复叠式制冷系统调试</td><td>30</td></tr>
<tr><th colspan="3">教学实施建议</th></tr>
<tr><td colspan="3">1. 教学组织方式方法建议
采用行动导向的教学方法。为确保教学安全，提高教学质量，建议采用分组教学的形式（2～4 人/组），在完成工作任务的过程中，教师须加强示范与指导，注重对学生职业素养和规范操作的培养。根据制冷空调系统调试工艺文件要求整体机组及压缩机、风机、水泵、换热器等设备参数调整，各类管道及阀门不能出现泄漏、运行参数符合设计要求。
制冷空调系统调试时重点学习制冷剂系统、通风系统、水系统与电气控制的压缩机、风机、水泵调整技术，系统调试注意事项、调试所用设备与工具的操作使用及调试操作技能。
2. 教学资源配备建议
（1）教学场地。教学场地须具备良好的安全、照明和通风条件。可分为学习交流区、管道连接区、制冷空调系统安装维修区、制冷空调设备及配件展示区、工具与材料存放区、压力容器存储区、教学成果发布区等，并配备相应的多媒体教学设备等。
（2）工具、材料、设备</td></tr>
</table>

续表

教学实施建议
工具：钢丝钳、活络扳手、割管器、胀管器、测量工具（倾斜式微压计、毕托管、风速仪、通风干湿球温度计）、夹具、万用表、绝缘表等； 材料：铜管、焊接材料（焊条）、油料（润滑油、润滑脂）、清洗剂、制冷剂、保温材料、包扎带、胶水、氧气、乙炔等； 设备：登高作业设备。 （3）教学资料。图纸、产品说明书、安装施工工艺文件、技术手册、工具书、技术规范、技术标准、操作规程、数字化资源等
教学考核要求
采用过程性考核和终结性考核相结合的方式。 1. 过程性考核 采用自我评价、小组互评和教师评价相结合的方式进行考核；让学生学会自我评价，教师要善于观察学生的学习过程，结合学生的自我评价、小组评价进行总评并提出改进建议。 （1）课堂考核：考核出勤、学习态度、课堂纪律、小组合作与展示等情况。 （2）作业考核：考核工作页的完成情况、课后练习等情况。 （3）阶段考核：纸笔测试、实操测试、口述测试。 2. 终结性考核 学生根据任务情境中的要求，按照作业规范，在规定时间内完成制冷空调系统调试任务，达到系统规定的性能标准；教师按任务要求进行考核并提前准备好考核所需的工具、材料、设备和资料等。 考核任务案例：制冷空调系统性能参数测定与调整。 情境描述： 某用户需要对安装好 3 500W 的分体式空调器进行性能参数调试，空调器内充注 R32 制冷剂，现安排在规定的时限内完成此任务。 任务要求： 根据任务的情境描述，在 90min 内完成： （1）写出分体式空调器的标注含义、空调器的结构尺寸和安装前的准备工作。 （2）写出调试分体式空调器所需要的材料、设备、工具等。 （3）写出调试分体式空调器时性能控制的关键点和相应控制措施。 （4）完成调试分体式空调器的性能调试。 参考资料：完成上述任务时，可以使用所有的教学资料，如工作页、相关教材、技术手册、工具书、技术规范、技术标准、操作规程、空调器说明书等

表 2–9　制冷空调系统维护课程标准

一体化课程名称	制冷空调系统维护	基准学时/h	300
典型工作任务描述			
制冷空调系统维护是操作人员借助各类材料、设备、工具，对制冷空调系统中的制冷剂系统、通风系统、水系统、电气控制系统进行日常维护，实现对物品或空间的温度、湿度、风量的有效控制及节能运行，以满足舒适性空调、工艺性空调以及冷库的冷冻和冷藏的技术要求。制冷空调系统维护涉及水、电、气等多种工种协调配合。操作人员应持有相应特种作业操作证。工作过程如下： 制冷空调维护人员从班组长处接受制冷空调系统维护任务，领取工程图纸、日常维护工艺文件、技术要求和材料；准备维护用设备、气体、工具等；检查并确认设备、工具、操作现场和周围环境符合安全要求；与操作人员沟通，分析制冷空调系统运行参数及性能的特点、难点和质量控制关键点，采取相应的控制措施；检查每个系统日常维护的质量，确认符合要求；进行维护前准备，实施各系统的维护作业；维护完成后进行现场清理、自检、缺陷返修；待制冷空调系统运行符合要求后交付检验，检验合格后填写自检记录，交付班组长进行工序流转。 在工作过程中，树立严谨的工作态度，严格按工艺文件和工作流程开展工作，注意团结协作、交流沟通和劳动保护，养成良好的职业素养；在作业过程中，严格遵守和执行岗位操作规程，安全、质量、环境及职业健康等管理制度			
工作内容分析			
工作对象 （1）工作任务的领取与分析； （2）制冷系统工程图纸、产品说明书和日常维护文件的识读； （3）技术交底内容的理解和掌握； （4）质量控制措施的确定； （5）各系统维护质量的检验； （6）维护前的准备，操作现场、水、电、气和周围环境的检查与确认； （7）制冷剂系统及设备（含整机、部件、阀件、管路等）的维护；	**工具、材料、设备与资料** （1）工具：钢丝钳、活络扳手、测量工具（水平仪、温湿度测量仪器、压力传感器、精密压力表、风速仪）、万用表、绝缘表等； （2）材料：油料（润滑油、润滑脂）、清洗剂、制冷剂、保温材料、包扎带、胶水等； （3）设备：吊装设备（钢丝绳、扎头、卡环、链式起重机等）、移动设备； （4）资料：图纸、产品说明书、安装施工工艺文件、技术手册、工具书、技术规范、技术标准、操作规程等。 **工作方法** （1）维护现场查看与清理； （2）维护设备配备与使用方法； （3）制冷空调设备维护测量工具的使用方法；	**工作要求** （1）明确工作内容、制冷空调系统维护规模与设备数量、完成时间等； （2）了解制冷空调系统维护相关的信息，明确制冷空调系统维护技术要求和质量标准，确认制冷空调系统维护工艺； （3）接受技术交底，明确制冷空调各系统维护方法、操作顺序、质量检查方法、验收标准及特殊要求等； （4）针对质量控制关键点和特殊要求，明确相应的控制措施； （5）按照制冷空调系统维护工艺文件的要求检查制冷空调系统维护质量，确认符合设计条件； （6）制冷空调系统维护材料、设备、工具准备齐全，安全防护、作业环境等达到要求；	

续表

<table>
<tr><th colspan="3">工作内容分析</th></tr>
<tr><td>（8）水系统及设备（水泵、冷却塔、水箱、阀门、管道等）的维护；
（9）通风系统及设备（风机、阀门、风管等）的维护；
（10）电气控制系统（含强电与弱电等）的维护；
（11）制冷空调系统维护质量的自检和缺陷的返修；
（12）维护后工程的交付和现场整理</td><td>（4）制冷空调系统维护流程的制订；
（5）维护所需要的材料准备；
（6）各系统维护质量的检验方法；
（7）制冷剂系统维护要求与方法；
（8）通风系统维护要求与方法；
（9）水系统维护要求与方法；
（10）电气控制系统维护要求与方法；
（11）制冷空调系统维护质量检验标准。
劳动组织方式
（1）从班组长处接受工作任务，从技术人员处接受制冷空调系统维护的交底；
（2）团结协作完成制冷空调系统维护的作业；
（3）自检合格后将安装工程交付班组长</td><td>（7）维护过程中严格执行制冷空调系统维护工艺文件要求，针对性措施落实到位；
（8）根据制冷空调系统维护工艺文件的要求，通过维护使制冷剂系统、通风系统、水系统、电气控制系统满足使用要求，重点对易损坏的保温材料进行维护；
（9）按照制冷空调系统维护质量检验标准进行自检，根据需要进行缺陷返修，准确填写自检记录；
（10）按照维护工作流程及时交付工程，按照设备、工具维护和保养要求进行必要的清理、维护、保养，工作过程中注重职业素养的培养，树立严谨的工作态度，认真执行管理规定</td></tr>
<tr><th colspan="3">代表性工作任务</th></tr>
<tr><th>任务名称</th><th>任务描述</th><th>工作时间/h</th></tr>
<tr><td>各类换热设备清洗清扫操作</td><td>根据制冷空调维保公司接到的制冷空调系统维护任务，制冷空调系统为冷水机组集中式空调系统，维护工具与材料有钢丝钳、活络扳手、万用表、绝缘表等，以及清洗液、毛刷、电线、包扎材料若干，要求操作人员根据用户要求清扫制冷空调系统各类换热设备，并保证换热设备的正常运行，工时为32h。
操作人员从班组长处接受制冷空调系统维护任务，领取材料；准备设备、制冷剂和工具等；检查并确认设备、工具、作业场地和周围环境符合安全要求；检测制冷空调系统运行品质，确认维护内容；进行维护前准备；针对制冷空调系统维护的工艺特点及现场的情况，分析维护难点及质量控制关键点，采取相应措施，实施制冷空调系统各类换热设备的清扫；进行维护作业的自检和缺陷返修；检验合格后填写维护记录，交付班组长进行工序流转</td><td>32</td></tr>
</table>

续表

任务名称	任务描述	工作时间/h
压缩机运行参数（吸排气压力、油温、油压、油位与回油）的检测与调整	根据制冷空调维保公司接到的制冷空调系统维护任务，制冷空调系统为冷水机组集中式空调系统，维护工具与材料有钢丝钳、活络扳手、测量工具（温湿度测量仪器、压力传感器、精密压力表）、万用表、绝缘表等，以及制冷剂、电线、包扎材料若干，要求操作人员根据用户要求维护制冷空调系统，并保证制冷空调系统的正常运行，工时为32h。 操作人员从班组长处接受制冷空调系统维护任务，领取材料；准备设备、制冷剂和工具等；检查并确认设备、工具、作业场地和周围环境符合安全要求；检测制冷空调系统运行品质，确认维护内容；进行维护前准备；针对制冷空调系统维护的工艺特点及现场的情况，分析维护难点及质量控制关键点，采取相应措施，实施制冷空调系统压缩机运行参数（吸排气压力、油温、油压、油位与回油）的检测与调整；进行维护作业的自检和缺陷返修；检验合格后填写维护记录，交付班组长进行工序流转	32
水系统及其设备的维护	根据制冷空调维保公司接到的制冷空调水系统维护任务，制冷空调系统为冷水机组集中式空调系统，维护工具与材料有钢丝钳、活络扳手、测量工具、万用表、绝缘表等，以及润滑脂、清洗剂、管道保温材料、电线、包扎材料若干，要求操作人员根据用户要求维护制冷空调水系统，并保证制冷空调水系统的正常运行，工时为32h。 操作人员从班组长处接受制冷空调水系统维护任务，领取阀门、电线、保温材料等；准备设备和工具等；检查并确认设备、工具、作业场地和周围环境符合安全要求；检测制冷空调水系统运行品质，确认符合要求；进行维护前准备；针对制冷空调水系统维护的工艺特点及现场的情况，分析维护难点及质量控制关键点，采取相应措施，实施制冷空调系统中水系统的清洗等维护操作；进行维护自检和缺陷返修，交付验收；检验合格后填写维护记录，交付班组长进行工序流转	32
通风系统各部件的工作状态检查与调整操作	根据制冷空调维保公司接到的制冷空调通风系统维护任务，制冷空调系统为冷水机组集中式空调系统，维护工具与材料有钢丝钳、活络扳手、测量工具（风速仪、压力表）、万用表、绝缘表等，以及润滑脂、清洗剂、管道保温材料、电线、包扎材料若干，要求操作人员根据用户要求维护制冷空调通风系统，并保证制冷空调通风系统的正常运行，工时为24h。 操作人员从班组长处接受制冷空调通风系统维护任务，领取阀门、电线、保温材料等；准备设备和工具等；检查并确认设备、工具、作业场地和周围环境符合安全要求；检测制冷空调系统运行品质，确认符合要求；进行维护前准备；针对带多风口风机盘管运行参数的测定、运行工况调维护的工艺特点及现场的情况，分析维护难点及质量控制关键点，采取相应措施，实施制冷空调系统中通风系统（如风机、过滤网）各部件的工作状态检查与调整操作；进行操作自检和缺陷返修，交付验收；检验合格后填写维护记录，交付班组长进行工序流转	24

续表

任务名称	任务描述	工作时间/h
备份制冷空调系统运行数据	根据制冷空调维保公司接到的备份制冷空调系统运行数据的维护任务，制冷空调系统为冷水机组集中式空调系统，需要维护工具与材料有钢丝钳、活络扳手、测量工具（各类数据检测）、数据备份硬件、万用表、绝缘表等，电线及包扎材料若干，要求操作人员根据用户要求备份制冷空调系统运行数据，并能正常工作运行，工时为24h。 操作人员从班组长处接受备份制冷空调系统数据维护任务，领取各类数据检测工具与设备；准备设备和工具等；检查确认设备、工具、作业场地和周围环境符合安全要求；检测制冷空调系统运行品质、确认符合要求；进行维护前准备；针对备份制冷空调系统运行数据的工艺要求及现场的情况，分析维护难点及质量控制关键点，采取相应措施，实施制冷空调系统中备份制冷空调系统运行数据；操作自检，缺陷返修，交付验收；检验合格后填写维护记录，交付班组长进行工序流转	24
空调器电气控制系统工作状态检查与维护操作	根据制冷空调维保公司接到的制冷空调电气系统工作状态维护任务，制冷空调系统为冷水机组集中式空调系统，需要维护工具与材料有钢丝钳、活络扳手、测量工具（各类数据检测）、万用表、绝缘表等，电线及包扎材料若干，要求操作人员根据用户要求进行空调器电气控制系统工作状态检查与维护操作，并能正常工作运行，工时为24h。 操作人员从班组长处接受制冷空调电气系统工作状态维护任务，领取各类数据检测工具与设备；准备设备和工具等；检查确认设备、工具、作业场地和周围环境符合安全要求；检测制冷空调电气系统工作状态、确认符合要求；进行维护前准备；针对空调器电气控制系统工作状态检查与维护操作的工艺要求及现场的情况，分析维护难点及质量控制关键点，采取相应措施，实施制冷空调系统中空调器电气控制系统工作状态检查与维护操作；操作自检，缺陷返修，交付验收；检验合格后填写维护记录，交付班组长进行工序流转	24
干燥剂或干燥过滤器更换	根据制冷空调维保公司接到的制冷系统干燥剂或干燥过滤器更换任务，制冷系统为制冷量350kW冷水机组，需要干燥剂或干燥过滤器更换的工具与材料有钢丝钳、活络扳手、真空泵、测量工具、万用表、绝缘表等，制冷剂、氮气、干燥过滤器及干燥剂、包扎材料若干，要求操作人员根据用户要求进行干燥剂或干燥过滤器更换，并保证正常工作运行，工时为32h。 操作人员从班组长处接受干燥剂或干燥过滤器更换任务，领取干燥过滤器及干燥剂等工具与材料；准备真空泵等设备和工具等；检查确认设备、工具、作业场地和周围环境符合安全要求；检测制冷空调系统运行品质、确认符合要求；进行干燥剂或干燥过滤器更换前准备；针对制冷系统干	32

续表

任务名称	任务描述	工作时间/h
干燥剂或干燥过滤器更换	燥过滤器或干燥剂更换完成的工艺特点及现场的情况，分析干燥剂或干燥过滤器更换操作难点及质量控制关键点，采取相应措施，实施干燥剂或干燥过滤器更换；更换后自检，缺陷返修，交付验收；检验合格后填写维护记录，交付班组长进行工序流转	32
冷库蒸发器除霜操作（热气融霜）	根据制冷空调安装公司接到的冷库蒸发器除霜操作任务，冷库制冷系统为双级压缩式氨制冷机组，蒸发器为顶排管，需要材料为包扎材料若干，工具为钢丝钳、活络扳手、要求操作人员为用户冷库蒸发器除霜操作，并能正常工作运行，工时为32h。 操作人员从班组长处接受冷库蒸发器除霜操作任务，制订除霜操作流程、材料；准备设备、制冷剂和工具等；检查确认设备、工具、作业场地和周围环境符合安全要求；检查双级压缩式制冷系统结霜情况，确认符合要求；进行冷库蒸发器除霜操作前准备；针对蒸发器表面进行热气融霜操作的工艺特点及安装现场的情况，分析冷库蒸发器除霜操作难点及质量控制关键点，采取相应措施，实施冷库蒸发器除霜操作作业，通电运行及运行参数调整；除霜自检，交付验收；检验合格后填写操作记录，交付班组长进行工序流转	32
净化用空调箱及附件检查与处理	根据制冷空调维保公司接到的净化用空调箱及附件检查与处理任务，需要粗、中效过滤器更换的工具与材料有钢丝钳、活络扳手、测量工具等，包扎材料若干，要求操作人员根据用户要求进行净化用空调箱及附件检查与处理，并保证正常工作运行，工时为24h。 操作人员从班组长处接受净化用空调箱及附件检查与处理任务，领取粗、中效过滤器等工具与材料；准备检查与处理等设备和工具等；检查确认设备、工具、作业场地和周围环境符合安全要求；检测净化用空调箱运行品质、确认符合要求；进行过滤器检查与处理前准备；针对空调箱内的各级过滤器等设备的更换，保养操作的工艺特点及现场的情况，分析过滤器更换操作难点及质量控制关键点，采取相应措施，实施过滤器等设施的检查与更换；更换后自检，缺陷返修，交付验收；检验合格后填写维护记录，交付班组长进行工序流转	24
小型冷库电气控制系统维护	根据制冷空调公司接到的小型冷库电气控制系统维护任务，冷库制冷系统为小型压缩式氨制冷机组，蒸发器为顶排管，需要材料为包扎材料若干，工具为钢丝钳、活络扳手、测量工具（各类数据检测）、万用表、绝缘表等，电线及包扎材料若干，要求操作人员为小型冷库电气控制系统维护，并能正常工作运行，工时为24h	24

续表

任务名称	任务描述	工作时间/h
小型冷库电气控制系统维护	操作人员从班组长处接受小型冷库电气控制系统维护任务，制订小型冷库电气控制系统维护流程、材料；准备设备和工具等；检查确认设备、工具、作业场地和周围环境符合安全要求；检查小型冷库电气控制系统工作情况，确认符合要求；进行小型冷库电气控制系统维护前准备；针对小型冷库电气控制系统维护的工艺特点及安装现场的情况，分析小型冷库电气控制系统维护操作难点及质量控制关键点，采取相应措施，实施小型冷库电气控制系统维护作业，通电运行及运行参数调整；缺陷自检，交付验收；检验合格后填写操作记录，交付班组长进行工序流转	24

课程目标

学习完本课程后，学生应当能够胜任制冷空调系统维护等工作，并严格执行企业安全生产制度、环保管理制度，具备安全意识、质量意识、职业健康和环境保护意识，养成爱岗敬业、自主学习、沟通协调、团队合作等职业素质。职业素质如下：

（1）能读懂制冷空调系统设计与施工图纸和工艺文件，明确工作任务、技术要求和质量标准。

（2）能通过技术交底和有效沟通明确制冷空调系统维护方法、制冷空调系统维护流程、保养技术要求和质量标准。

（3）能通过制冷空调系统维护工艺文件确认设备质量符合要求、预防措施到位。

（4）能根据制冷空调系统维护工艺文件完成安装前准备工作，并确认作业场地和周围环境达到劳动安全和职业健康要求。

（5）能按要求使用设备和工具，严格执行制冷空调系统维护工艺文件，完成各制冷空调系统维护；维护过程中能采取有效措施预防和减少制冷空调系统维护产生的缺陷、要求制冷空调系统维护后性能满足用户要求、避免维护产生的不良等现象。

（6）能按要求进行制冷空调系统维护处的清理、自检、制冷空调系统维护缺陷的返修；能依据返修通知单及返修工艺文件进行制冷空调系统维护缺陷返修；能填写自检记录表。

（7）能与相关人员进行有效沟通，获取解决问题的方法和措施，解决工作过程中的常见问题。

（8）能对设备和工具等进行日常维护和保养

学习内容

本课程的主要学习内容包括：

（1）制冷空调系统维护保养知识。制冷空调系统维护中各类系统的布置安装原则，制冷空调系统维护中常见问题及解决方法。

（2）维护用设备和辅助设备工作原理、使用及维护；管道加工与焊接常用工具的使用与维护。

（3）制冷空调系统维护工艺及操作技能。制冷剂系统、通风系统、水系统、电气控制系统维护流程、技术要求等。

（4）制冷空调系统维护质量检验相关知识。

（5）制冷空调系统维护作业安全及环境防护。制冷空调系统安装设备及工具的安全操作规程；作业场地和周围环境的安全要求；管道焊接劳动安全和健康相关规定

续表

参考性学习任务		
序号	名称	学时/h
1	空调用制冷系统维护	50
2	小型冷库制冷系统维护	40
3	制冷空调用水系统维护	40
4	双级压缩式与复叠式制冷系统维护	50
5	电气控制维护	40
6	分体式空调器及电路维护	40
7	风机盘管吊装及管道与电路维护	40
教学实施建议		
1. 教学组织方式方法建议 采用行动导向的教学方法。为确保教学安全，提高教学质量，建议采用分组教学的形式（2～4 人/组）；在完成工作任务的过程中，教师须加强示范与指导，注重学生职业素养和规范操作的培养。根据制冷空调系统维护工艺文件要求整体机组及压缩机、风机、水泵、换热器等设备合理维护，各类管道及阀门不能泄漏、管道布置符合设计要求、保温材料与管道要密贴不能有缝隙。 制冷空调系统维护时重点学习制冷剂系统、通风系统、水系统与电气控制的压缩机、风机、水泵维护技术要求及流体输配管道与阀件的布置原则、系统集成维护注意事项、维护所用设备与工具的操作使用及维护保养要求与操作技能。 2. 教学资源配备建议 （1）教学场地。教学场地须具备良好的安全、照明和通风条件，可分为学习交流区、管道连接区、制冷空调系统安装维修区、制冷空调设备及配件展示区、工具与材料存放区、压力容器存储区、教学成果发布区等，并配备相应的多媒体教学设备等。 （2）工具、材料、设备。 工具：钢丝钳、活络扳手、割管器、胀管器、测量工具（框式水平仪、千分表、平尺、钢卷尺、直角尺）、夹具、万用表、绝缘表等； 材料：铜管、焊接材料（焊条）、油料（润滑油、润滑脂）、清洗剂、制冷剂、保温材料、包扎带、胶水、氧气、乙炔等； 设备：吊装设备（钢丝绳、轧头、卡环、链式起重机等）、移动设备焊接设备（焊枪、氧气瓶、乙炔瓶）。 （3）教学资料。图纸、产品说明书、安装施工工艺文件、技术手册、工具书、技术规范、技术标准、操作规程、数字化资源等		

续表

教学考核要求
采用过程性考核和终结性考核相结合的方式。 1. 过程性考核 采用自我评价、小组互评和教师评价相结合的方式进行考核；让学生学会自我评价，教师要善于观察学生的学习过程，结合学生的自我评价、小组评价进行总评并提出改进建议。 （1）课堂考核：考核出勤、学习态度、课堂纪律、小组合作与展示等情况。 （2）作业考核：考核工作页的完成情况、课后练习等情况。 （3）阶段考核：纸笔测试、实操测试、口述测试。 2. 终结性考核 学生根据任务情境中的要求，按照作业规范，在规定时间内完成管道连接任务，达到行业规定的质量标准；教师按任务要求进行考核，并提前准备好考核所需的工具、材料、设备和资料等。 考核任务案例：制冷系统干燥过滤器或干燥剂的更换操作。 情境描述 某用户需要对制冷系统干燥过滤器或干燥剂的更换操作，空调器内充注 R32 制冷剂，现安排在规定的时限内完成此任务。 任务要求 根据任务的情境描述，在 90min 内完成： （1）写出制冷系统干燥过滤器或干燥剂的标注含义、制冷系统干燥过滤器或干燥剂的更换操作前的准备工作。 （2）写出制冷系统干燥过滤器或干燥剂的更换操作所需要的材料、设备、工具等。 （3）写出制冷系统干燥过滤器或干燥剂的更换操作流程及质量控制的关键点和相应控制措施。 （4）完成制冷系统干燥过滤器或干燥剂的更换操作。 参考资料：完成上述任务时，可以使用所有的教学资料，如工作页、相关教材、技术手册、工具书、技术规范、技术标准、操作规程、空调器说明书等

表 2－10　制冷空调系统检修课程标准

一体化课程名称	制冷空调系统检修	基准学时/h	450
典型工作任务描述			
制冷空调系统检修是操作人员借助各类材料、设备、工具对制冷空调系统中的制冷剂系统、通风系统、水系统、电气控制系统进行故障分析与处理，使制冷空调系统恢复实现对物品或空间的调温、调湿、通风、洁净的功能及节能运行，以满足舒适性空调、工艺性空调以及冷库的冷冻冷藏的技术要求。制冷空调系统检修涉及水、电、气等多种工种协调配合。操作人员应持有相应特种作业操作证。工作过程如下：			

续表

<table>
<tr><th colspan="3">典型工作任务描述</th></tr>
<tr><td colspan="3">制冷空调检修人员从班组长处接受制冷空调系统检修任务，领取工程图纸、检修工艺文件、技术要求和材料；准备检修用设备、气体、工具等；检查确认设备、工具、检修现场和周围环境符合安全要求；分析制冷空调系统运行参数、性能的特点、难点及质量控制关键点，采取相应的控制措施；察看各系统出现的异常现象，分析各类现象产生的原因，提出检修方案；进行检修前准备，实施制冷空调系统的故障检修作业；检修完成后进行现场清理、系统检修进行自检、缺陷返修；待制冷空调系统运行符合要求后；交付检验，检验合格后填写自检记录，交付班组长进行工序流转。
在工作过程中，树立严谨的工作态度，严格按工艺文件和工作流程开展工作，注意团结协作、沟通交流和劳动保护，养成良好的职业素养；在作业过程中，严格遵守和执行岗位操作规程，安全、质量、环境及职业健康等管理制度</td></tr>
<tr><th colspan="3">工作内容分析</th></tr>
<tr><td>工作对象
（1）工作任务的领取与分析；
（2）制冷系统工程图纸、产品说明书和检修文件的识读；
（3）技术交底内容的理解和掌握；
（4）质量控制措施的确定；
（5）各类常见故障分析与处理的方法及质量的检验；
（6）检修前准备，操作现场、水、电、气和周围环境的检查确认；
（7）制冷剂系统及设备（含整机、部件、阀件、管路等）的检修；
（8）水系统及设备（水泵、冷却塔、水箱、阀门、管道等）的检修；
（9）通风系统及设备（风机、阀门、风管等）的检修；</td><td>工具、材料、设备与资料
（1）工具：钢丝钳、活络扳手、测量工具（水平仪、温湿度测量仪器、压力传感器、精密压力表、风速仪）、万用表、绝缘表等；
（2）材料：油料（润滑油、润滑脂）、清洗剂、制冷剂、保温材料、包扎带、胶水等；
（3）设备：吊装设备（钢丝绳、轧头、卡环、链式起重机等）、移动设备；
（4）资料：图纸、产品说明书、安装施工工艺文件、技术手册、工具书、技术规范、技术标准、操作规程等。
工作方法
（1）检修现场察看与清理；
（2）检修设备配备及使用方法；
（3）制冷空调设备检修工具的使用方法；
（4）制冷空调系统故障诊断分析与检修流程的制订；
（5）检修所需要的材料准备；
（6）各系统检修质量的检验方法；
（7）制冷剂系统检修要求与方法；
（8）通风系统检修要求与方法；
（9）水系统检修要求与方法；</td><td>工作要求
（1）明确工作内容、制冷空调系统故障现象、检修规模与设备数量、完成时间等；
（2）了解制冷空调系统故障相关的信息，明确制冷空调系统检修技术要求和质量标准，确认制冷空调系统检修方案；
（3）接受技术交底，明确制冷空调各系统检修方法、操作顺序、质量检查方法和验收标准及特殊要求等；
（4）针对质量控制关键点和特殊要求，明确相应的控制措施；
（5）按照制冷空调系统检修工艺文件要求检查制冷空调系统检修质量，确认符合设计条件；
（6）制冷空调系统检修材料、设备、工具准备齐全，安全防护、作业环境等达到要求；
（7）检修过程中严格执行制冷空调系统检修工艺文件要求，针对性措施落实到位；
（8）根据制冷空调系统故障现象与检修方案要求，通过检修使制冷</td></tr>
</table>

续表

工作内容分析		
（10）电气控制系统（含强电与弱电等）的检修； （11）制冷空调系统检修质量的自检和缺陷的返修； （12）检修后工程的交付和现场整理	（10）电气控制系统检修要求与方法； （11）制冷空调系统检修护质量检验标准。 **劳动组织方式** （1）从班组长处接受工作任务，从技术人员处接受制冷空调系统检修的交底； （2）团结协作完成制冷空调系统检修的作业； （3）自检合格后将检修工程交付班组长	剂系统、通风系统、水系统、电气控制系统满足使用要求、重点要对易损坏的零部件及材料进行更换及修理； （9）按照制冷空调系统检修质量检验标准进行自检，根据需要进行缺陷返修，准确填写自检记录； （10）按照检修工作流程及时交付工程，按照设备、工具维护保养要求进行必要的清理、维护、保养，工作过程中注重职业素养的培养，树立严谨的工作态度，认真执行管理规定

代表性工作任务		
任务名称	**任务描述**	**工作时间/h**
制冷系统保温层更换	根据制冷空调公司接到的制冷系统保温层更换操作任务，完成管道旧保温拆除，新保温粘贴，需要检修工具与材料有钢丝钳、活络扳手、2寸刷子、美工刀、钢尺及橡塑保温胶等包扎材料若干，要求操作人员根据用户要求做好保温层更换检修，并能正常工作运行，工时为32h。 操作人员从班组长处接受制冷系统保温层更换操作任务，领取操作设备等工具与材料；准备设备和工具等；检查确认设备、工具、作业场地和周围环境符合安全要求；检查制冷系统现状、确认符合要求；进行检修前准备；针对制冷系统保温层更换操作特点及现场的情况，分析更换操作难点及质量控制关键点，采取相应措施，实施制冷系统保温层更换操作；操作自检，缺陷返修，交付验收；检验合格后填写检修记录，交付班组长进行工序流转	32
制冷系统压力检漏	根据制冷空调公司接到的制冷空调系统检修任务，制冷空调系统为冷水机组集中式空调系统，需要检修工具与材料有钢丝钳、活络扳手、万用表、绝缘表等，制冷剂、氮气、洗洁精、电线及包扎材料若干，要求操作人员根据用户要求检修好制冷空调系统，并能正常工作运行，工时为32h。 操作人员从班组长处接受制冷剂系统检漏任务，领取管道、材料；准备设备、制冷剂、氮气和真空泵等工具；检查确认设备、工具、作业场地和周围环境符合安全要求；检测制冷空调系统运行现象，确认检	32

续表

任务名称	任务描述	工作时间/h
制冷系统压力检漏	修内容；进行检修前准备；针对制冷空调系统检漏工艺特点及现场的情况，分析检漏难点及质量控制关键点，采取相应措施，实施制冷空调系统检漏；检漏作业自检，检漏不当返修；检验合格后填写检漏操作记录，交付班组长进行工序流转	32
制冷剂充注操作	根据制冷空调公司接到的制冷空调系统检修任务，制冷空调系统为冷水机组集中式空调系统，需要维护工具与材料有钢丝钳、活络扳手、测量工具、万用表、绝缘表等，制冷剂、润滑脂、清洗剂，要求操作人员根据用户要求对制冷系统进行制冷剂充注操作，并能正常工作运行，工时为32h。 操作人员从班组长处接受制冷剂充注任务，领取制冷剂、氮气、洗洁精、真空泵等工具与材料；准备设备和工具等；检查确认设备、工具、作业场地和周围环境符合安全要求；检测制冷系统真空度、确认符合要求；进行制冷剂充注前准备；针对制冷系统制冷剂充注操作的工艺特点及现场的情况，分析制冷剂充注操作难点及充注量控制关键点，采取相应措施，实施制冷系统制冷剂充注操作；充注量确认自检，充注量不当进行调整；检验合格后填写充注操作记录，交付班组长进行工序流转	32
小型压缩机的更换操作	根据制冷空调公司接到的小型压缩机的更换操作任务，制冷空调系统为小型制冷系统，需要检修工具与材料有钢丝钳、活络扳手、压力表、万用表、绝缘表、制冷剂、氮气、润滑脂、清洗剂、真空泵、需更换的压缩机、电线及包扎材料若干，要求操作人员根据用户要求做好压缩机更换检修，并能正常工作运行，工时为32h。 操作人员从班组长处接受小型压缩机的更换操作任务，领取压缩机、电线、操作设备等工具与材料；准备设备和工具等；检查确认设备、工具、作业场地和周围环境符合安全要求；检测制冷系统现状、确认符合要求；进行检修前准备；针对小型压缩机的更换操作特点及现场的情况，分析更换操作难点及质量控制关键点，采取相应措施，实施小型压缩机的更换操作；操作自检，缺陷返修，交付验收；检验合格后填写检修记录，交付班组长进行工序流转	32
检测和更换定频空调器压缩机或风机的电容	根据制冷空调公司接到的制冷空调系统检修任务，制冷空调系统为小型空调制冷系统，需要检修工具与材料有钢丝钳、活络扳手、测量工具（各类数据检测）、万用表、绝缘表等，电线及包扎材料若干，要求操作人员根据用户要求检测和更换定频空调器压缩机或风机的电容，	24

续表

任务名称	任务描述	工作时间/h
检测和更换定频空调器压缩机或风机的电容	并能正常工作运行，工时为24h。 操作人员从班组长处接受制冷空调系统检修任务，领取各类电器数据检测工具与设备；准备设备和工具等；检查确认设备、工具、作业场地和周围环境符合安全要求；检测制冷空调系统运行状态、确认符合要求；进行检修前准备；针对检测和更换定频空调器压缩机或风机的电容的工艺要求及现场的情况，分析检修难点及质量控制关键点，采取相应措施，实施制冷空调系统中检测和更换定频空调器压缩机或风机的电容；操作自检，缺陷返修，交付验收；检验合格后填写检修记录，交付班组长进行工序流转	
检测和更换制冷空调系统电气控制板	根据制冷空调公司接到的制冷空调电气系统检修任务，制冷空调系统为冷水机组集中式空调系统，需要检修工具与材料有钢丝钳、活络扳手、测量工具（各类数据检测）、万用表、绝缘表等，电线及包扎材料若干，要求操作人员根据用户要求进行检测和更换制冷空调系统电气控制板，并能正常工作运行，工时为32h。 操作人员从班组长处接受制冷空调系统检修任务，领取各类数据检测工具与设备；准备设备和工具等；检查确认设备、工具、作业场地和周围环境符合安全要求；检测制冷空调系统电气控制电路、确认符合要求；进行检修前准备；针对检测和更换制冷空调系统电气控制板的工艺要求及现场的情况，分析电气控制检修操作的难点及质量控制关键点，采取相应措施，实施制冷空调系统中检测和更换制冷空调系统电气控制板；操作自检，缺陷返修，交付验收；检验合格后填写检修记录，交付班组长进行工序流转	32
开启式或半封闭式压缩机的拆装	根据制冷空调公司接到的制冷系统开启式或半封闭式压缩机的拆装任务，制冷系统为冷水机组，需要开启式或半封闭式压缩机的拆装的工具与材料有钢丝钳、活络扳手、真空泵、测量工具、万用表、绝缘表等，制冷剂、氮气、包扎材料若干，要求操作人员根据用户要求进行开启式或半封闭式压缩机的拆装，并保证正常工作运行，工时为32h。 操作人员从班组长处接受开启式或半封闭式压缩机的拆装任务，领取拆装工具与材料；准备压缩机零部件等设备和工具等；检查确认设备、工具、作业场地和周围环境符合安全要求；检测压缩机的品质、确认符合要求；进行开启式或半封闭式压缩机的拆装前准备；针对开启式或半封闭式压缩机的拆装完成的工艺特点及现场的情况，分析开启式或半封闭式压缩机的拆装难点及质量控制关键点，采取相应措施，实施开启式或半封闭式压缩机的拆装；检修后自检，缺陷返修，交付验收；检验合格后填写检修记录，交付班组长进行工序流转	32

续表

任务名称	任务描述	工作时间/h
制冷系统冷冻机油的更换操作	根据制冷空调公司接到的制冷系统冷冻机油的更换操作任务，制冷系统为冷水机组制冷机组，需要材料为冷冻油、清洗剂、氮气若干，工具为钢丝钳、活络扳手、真空泵等，要求操作人员为用户制冷系统冷冻机油的更换操作，并能正常工作运行，工时为32h。 操作人员从班组长处接受制冷系统冷冻机油的更换操作任务，制订制冷系统冻机油的更换操作流程；准备设备、冷冻油和真空泵等工具与材料；检查确认设备、工具、作业场地和周围环境符合安全要求；检查压缩机的状态，确认符合要求；进行制冷系统冷冻机油的更换操作前准备；针对制冷系统冷冻机油的更换操作的工艺特点及安装现场的情况，分析制冷系统冷冻机油的更换操作难点及质量控制关键点，采取相应措施，实施制冷系统冷冻机油的更换操作作业，调整压缩机工作状态；检修自检，交付验收；检验合格后填写检修记录，交付班组长进行工序流转	32
水系统故障分析与处理	根据制冷空调公司接到的水系统故障分析与处理任务，制冷系统为冷水机组制冷机组，需要水系统故障分析与处理的工具与材料有钢丝钳、活络扳手、测量工具、万用表、绝缘表等，包扎材料若干，要求操作人员根据用户要求进行水系统故障分析与处理，并保证正常工作运行，工时为32h。 操作人员从班组长处接受水系统故障分析与处理任务，领取水系统相关阀件等工具与材料；准备水系统检修等设备和工具等；检查确认设备、工具、作业场地和周围环境符合安全要求；检测制冷空调水系统的运行现状、确认符合要求；进行水系统（如冷却塔冷却能力不够等）故障分析与处理前准备；针对水系统故障分析情况及其检修处理等操作的工艺特点及现场的情况，分析水系统故障分析与处理难点及质量控制关键点，采取相应措施，实施水系统故障分析与处理；检修后自检，缺陷返修，交付验收；检验合格后填写检修记录，交付班组长进行工序流转	32
通风系统故障分析与处理	根据制冷空调公司接到的通风系统故障分析与处理的任务，通风系统为带冷水机组集中式空调系统，需要检修工具与材料有钢丝钳、活络扳手、测量工具（风速仪、压力表）、万用表、绝缘表、润滑脂、清洗剂等，要求操作人员为通风系统进行故障分析与处理，并能正常工作运行，工时为32h。 操作人员从班组长处接受通风系统故障分析与处理任务，领取通风系统相关阀件等工具与材料；准备检修设备和工具等；检查确认设备、工具、作业场地和周围环境符合安全要求；检查通风系统故障（如风机不转等）情况；进行通风系统故障分析与处理前准备；针对通风系统故障分析与处理的工艺特点及安装现场的情况，分析通风系统故障分析与处理难点及质量控制关键点，采取相应措施，实施通风系统故障分析与处理操作作业，通电运行及运行参数调整；检修自检，交付验收；检验合格后填写检修记录，交付班组长进行工序流转	32

续表

任务名称	任务描述	工作时间/h
离心式、螺杆式与活塞式压缩机故障检修	根据制冷空调公司接到的制冷系统离心式、螺杆式与活塞式压缩机故障检修任务，制冷系统为离心式、螺杆式与活塞式压缩机冷水机组，需要离心式、螺杆式与活塞式压缩机故障检修的工具与材料有钢丝钳、活络扳手、真空泵、测量工具、万用表、绝缘表等，制冷剂、氮气、润滑脂、清洗剂、包扎材料若干，要求操作人员根据用户要求进行离心式、螺杆式与活塞式压缩机故障检修，并保证正常工作运行，工时为64h。 操作人员从班组长处接受离心式、螺杆式与活塞式压缩机故障检修任务，领取拆装工具与材料；准备压缩机零部件等设备和工具等；检查确认设备、工具、作业场地和周围环境符合安全要求；检测压缩机的工作状态、确认符合检修要求；进行离心式、螺杆式与活塞式压缩机故障（如油压过低、能调机构失灵等）检修前准备；针对离心式、螺杆式与活塞式压缩机故障检修完成的工艺特点及现场的情况，分析离心式、螺杆式与活塞式压缩机故障检修的拆装难点及质量控制关键点，采取相应措施，实施离心式、螺杆式与活塞式压缩机故障分析与检修；检修后自检，缺陷返修，交付验收；检验合格后填写检修记录，交付班组长进行工序流转	64

课程目标
学习完本课程后，学生应当能够胜任制冷空调系统故障分析与检修等工作，并严格执行企业安全生产制度、环保管理制度，具备安全意识、质量意识、职业健康和环境保护意识，养成爱岗敬业、自主学习、沟通协调、团队合作等职业素质，包括： （1）能读懂制冷空调系统设计与施工图纸和工艺文件，明确工作任务、技术要求和质量标准。 （2）能通过技术交底和有效沟通明确制冷空调系统故障分析方法、制冷空调系统检修流程、满足用户技术要求和质量标准。 （3）能通过制冷空调系统故障分析与检修工艺文件确认设备质量符合要求、预防措施到位。 （4）能根据制冷空调系统故障分析与检修工艺文件完成检修前准备工作，并确认作业场地和周围环境达到劳动安全和职业健康要求。 （5）能按要求使用设备和工具，严格执行制冷空调系统检修工艺文件，完成各制冷空调系统故障分析与检修；检修过程中能采取有效措施预防和减少制冷空调系统故障分析与检修产生的缺陷、要求制冷空调系统检修后性能满足用户要求、避免检修产生的不良等现象。 （6）能按要求进行制冷空调系统检修处的清理、自检、制冷空调系统检修缺陷的返修；能依据返修通知单及返修工艺文件进行制冷空调系统检修缺陷返修；能填写自检记录表。 （7）能与相关人员进行有效沟通，获取解决问题的方法和措施，解决工作过程中的常见问题。 （8）能对设备和工具等进行日常维护和保养

续表

学习内容

本课程的主要学习内容如下：

（1）检修设备与工具使用知识。

（2）制冷空调系统故障分析与检修知识。制冷空调系统检修中各类系统的布置原则，制冷空调系统检修中常见问题及解决方法。

（3）检修用设备和辅助设备工作原理、使用及维护；管道加工与焊接常用工具的使用与维护。

（4）制冷空调系统检修工艺及操作技能。制冷空调系统故障分析方法、制冷剂系统、通风系统、水系统、电气控制等故障检修的流程、技术要求等

（5）制冷空调系统检修质量检验相关知识。

（6）制冷空调系统检修作业安全及环境防护。制冷空调系统检修设备及工具的安全操作规程；作业场地和周围环境的安全要求；检修操作劳动安全和健康相关规定

参考性学习任务

序号	名称	学时/h
1	制冷空调系统故障分析方法	50
2	空调用制冷系统检修	50
3	双级压缩式与复叠式制冷系统检修	100
4	电气控制故障分析与检修	50
5	分体式空调器及电路检修	50
6	风机盘管吊装及管道与电路检修	50
7	小型冷库制冷系统检修	50
8	制冷空调用水系统检修	50

教学实施建议

1. 教学组织方式方法建议

采用行动导向的教学方法。为确保教学安全，提高教学质量，建议采用分组教学的形式（2～4 人/组）；在完成工作任务的过程中，教师须加强示范与指导，注重学生职业素养和规范操作的培养。根据制冷空调系统检修工艺文件要求制冷空调系统及压缩机、风机、水泵、换热器等设备合理检修，各类管道及阀门检修后不能泄漏、管道布置符合设计要求、保温材料与管道要密贴不能有缝隙；制冷空调系统检修时重点学习制冷剂系统、通风系统、水系统与电气控制的压缩机、风机、水泵故障分析方法及其处理、检修技术要求检修注意事项、检修所用设备与工具的操作使用及检修要求与操作技能。

续表

教学实施建议
2. 教学资源配备建议 （1）教学场地。教学场地须具备良好的安全、照明和通风条件。可分为学习交流区、管道连接区、制冷空调系统安装维修区、制冷空调设备及配件展示区、工具与材料存放区、压力容器存储区、教学成果发布区等，并配备相应的多媒体教学设备等。 （2）工具、材料、设备。 工具：钢丝钳、活络扳手、割管器、胀管器、测量工具（框式水平仪、千分表、平尺、钢卷尺、直角尺）、夹具、万用表、绝缘表等； 材料：铜管、焊接材料（焊条）、油料（润滑油、润滑脂）、清洗剂、制冷剂、保温材料、包扎带、胶水、氧气、乙炔等； 设备：吊装设备（钢丝绳、轧头、卡环、链式起重机等）、移动设备焊接设备（焊枪、氧气瓶、乙炔瓶）。 （3）教学资料。图纸、产品说明书、检修施工工艺文件、技术手册、工具书、技术规范、技术标准、操作规程、数字化资源等
教学考核要求
采用过程性考核和终结性考核相结合的方式。 1. 过程性考核 采用自我评价、小组互评和教师评价相结合的方式进行考核；让学生学会自我评价，教师要善于观察学生的学习过程，结合学生的自我评价、小组评价进行总评并提出改进建议。 （1）课堂考核：考核出勤、学习态度、课堂纪律、小组合作与展示等情况。 （2）作业考核：考核工作页的完成情况、课后练习等情况。 （3）阶段考核：纸笔测试、实操测试、口述测试。 2. 终结性考核 学生根据任务情境中的要求，按照作业规范，在规定时间内完成制冷空调系统检修任务，达到行业规定的质量标准；教师按任务要求进行考核，并提前准备好考核所需的工具、材料、设备和资料等。 考核任务案例：制冷系统冷冻机油的更换操作。 情境描述 某用户需要对制冷系统冷冻机油的更换操作，制冷系统内充注 R134a 制冷剂，现安排在规定的时限内完成此任务。 任务要求 根据任务的情境描述，在 90min 内完成： （1）写出制冷系统冷冻机油的标注含义、制冷系统冷冻机油的更换操作操作前的准备工作。 （2）写出制冷系统冷冻机油的更换操作所需要的材料、设备、工具等。 （3）写出制冷系统冷冻机油的更换操作流程及质量控制的关键点和相应控制措施。 （4）完成制冷系统冷冻机油的更换操作。 参考资料：完成上述任务时，可以使用所有的教学资料，如工作页、相关教材、技术手册、工具书、技术规范、技术标准、操作规程、空调器说明书等

表 2－11　制冷剂的回收与再生课程标准

<table>
<tr><td>一体化课程名称</td><td>制冷剂的回收与再生</td><td>基准学时/h</td><td>200</td></tr>
<tr><td colspan="4">典型工作任务描述</td></tr>
<tr><td colspan="4">制冷剂的回收与再生是借助于回收设备等工具对制冷系统内制冷剂进行回收操作并进行再生利用，减少制冷剂向大气排放、降低臭氧层的破坏、促进环境保护，特别是对可燃可爆的回收，有利于危险废物的处置，还能提高经济效益。制冷剂的回收与再生涉及制冷剂使用的安全性等，需要操作人员协调配合。操作人员应持有相应特种作业操作证。工作过程如下：
制冷剂的回收与再生操作人员从班组长处接受制冷剂的回收与再生任务，领取制冷剂回收与再生操作工艺文件、技术要求；准备制冷剂的回收与再生用设备、气体、工具等；检查确认设备、工具、操作现场和周围环境符合安全要求；分析制冷剂的回收与再生操作流程的特点、难点及危险控制关键点，采取相应的控制措施；检查制冷剂回收与再生操作环节的安全性，确认符合要求；进行制冷剂的回收与再生前准备，实施制冷剂的回收与再生作业；制冷剂的回收与再生完成后进行现场清理、制冷剂的回收与再生进行自检、回收不充分可再回收操作；待制冷剂回收彻底符合要求后；交付检验，检验合格后填写操作记录，交付班组长进行工序流转。
在工作过程中，树立严谨的工作态度，严格按工艺文件和工作流程开展工作，注意团结协作、沟通交流和劳动保护，养成良好的职业素养；在作业过程中，严格遵守和执行岗位操作规程，安全、质量、环境及职业健康等管理制度</td></tr>
<tr><td colspan="4">工作内容分析</td></tr>
<tr><td>工作对象
（1）工作任务的领取与分析；
（2）制冷设备图纸、产品说明书和制冷剂的回收与再生操作文件的识读；
（3）技术交底内容的理解和掌握；
（4）制冷剂的回收与再生控制措施的确定；
（5）制冷剂的回收与再生操作检验；
（6）制冷剂的回收与再生前准备，操作现场和周围</td><td>工具、材料、设备与资料
（1）工具：钢丝钳、活络扳手、制冷剂回收储罐、修理表阀、连接软管、真空泵、储液罐、橡胶手套等；
（2）材料：pH 试纸、肥皂水等；
（3）设备：制冷剂回收机；
（4）资料：图纸、产品说明书、制冷剂的回收与再生工艺文件、技术手册、工具书、技术规范、技术标准、操作规程等。
工作方法
（1）制冷剂的回收与再生现场查看与清理；
（2）制冷剂的回收与再生设备配备与使用方法；
（3）制冷剂的回收与再生工具的使用方法；
（4）制冷剂的回收与再生流程的制订；
（5）制冷剂的回收与再生所需要的材</td><td colspan="2">工作要求
（1）明确工作内容、预估制冷剂的回收与再生数量、完成时间等；
（2）了解制冷剂的回收与再生相关的信息，明确制冷剂的回收与再生技术要求和质量标准，确认制冷剂的回收与再生的操作工艺；
（3）接受技术交底，明确制冷剂的回收与再生方法、操作顺序、质量检查方法和验收标准及特殊要求等；
（4）针对制冷剂的回收与再生安全控制关键点和特殊要求，明确相应的控制措施；
（5）按照制冷剂的回收与再生操作工艺文件要求检查制冷剂的回收与再生数量，确认符合回收与再生要求；
（6）制冷空调系统安装材料、设备、工具准备齐全，安全防护、作业环境等达到要求；</td></tr>
</table>

续表

<table>
<tr><th colspan="3">工作内容分析</th></tr>
<tr><td>环境的检查确认；
（7）制冷剂的回收操作；
（8）制冷剂再生操作；
（9）制冷剂的回收与再生质量的自检；
（10）制冷剂的回收与再生的交付和现场整理</td><td>料准备；
（6）制冷剂的回收与再生检验方法；
（7）制冷剂的回收操作方法；
（8）制冷剂再生操作方法；
（9）制冷剂的回收与再生质量检验标准。
劳动组织方式
（1）从班组长处接受工作任务，从技术人员处接受制冷空调系统安装的交底；
（2）团结协作完成制冷剂的回收与再生的作业；
（3）自检合格后将回收与再生的制冷剂交付班组长</td><td>（7）制冷剂的回收与再生中严格执行操作安全工艺文件要求，针对性措施落实到位；
（8）根据制冷剂的回收与再生工艺文件要求，防止制冷剂泄漏；
（9）按照制冷剂的回收与再生数量检验进行自检，根据或再生处理需要进行再次回收操作，准确填写制冷剂的回收与再生操作记录；
（10）按照工作流程及时交付制冷剂的回收与再生数量，按照设备、工具维护保养要求进行必要的清理、维护、保养，工作过程中注重职业素养的培养，树立严谨的工作态度，认真执行管理规定</td></tr>
</table>

<table>
<tr><th colspan="3">代表性工作任务</th></tr>
<tr><th>任务名称</th><th>任务描述</th><th>工作时间/h</th></tr>
<tr><td>制冷剂的回收充注操作</td><td>根据制冷空调公司接到的制冷剂的回收或充注操作任务，制冷系统为离心式、螺杆式或活塞式压缩机冷水机组，需要制冷剂回收机一个、制冷剂回收储罐一个，连接软管、修理表阀及相关操作工具，要求操作人员把制冷剂从制冷机组中回收到制冷剂回收储罐中，并能安全正常操作，工时为32h。
操作人员从班组长处接受制冷剂的回收或充注操作任务，领取制冷剂回收机、制冷剂回收储罐等设备与材料；准备设备、连接软管、修理表阀和工具等；检查确认设备、工具、作业场地和周围环境符合安全要求；检查制冷剂回收机、制冷剂回收储罐质量，确认符合要求；进行制冷剂回收前准备；针对制冷机组制冷剂的回收的操作工艺特点及现场的情况，分析制冷剂的回收难点及回收操作的关键点，采取相应措施，实施制冷机组制冷剂的回收操作；制冷剂回收自检，残留再回收，制冷剂回收验收；检验合格后填写回收记录，交付班组长进行工序流转</td><td>32</td></tr>
<tr><td>溴化锂溶液回收再生操作</td><td>根据制冷空调公司接到的溴化锂溶液回收再生操作任务，制冷设备为溴化锂机组机型，需要材料为真空泵，橡胶管、储液罐、真空表、pH 试纸、橡胶手套等设备与材料，要求操作人员为用户进行溴化锂溶液回收再生操作，并能正常工作运行，工时为32h。
操作人员从班组长处接受溴化锂溶液回收再生操作任务，领取真空泵，</td><td>32</td></tr>
</table>

续表

任务名称	任务描述	工作时间/h
溴化锂溶液回收再生操作	真空橡胶管、储液罐、真空表、pH 试纸、橡胶手套等设备与材料等；检查确认设备、工具、作业场地和周围环境符合安全要求；检查真空泵，真空橡胶管、储液罐质量，确认符合要求；进行溴化锂溶液回收再生操作前准备；针对溴化锂溶液回收再生操作的工艺特点及安装现场的情况，分析溴化锂溶液回收再生操作难点及质量控制关键点，采取相应措施，实施溴化锂溶液回收再生操作作业；溴化锂溶液回收再生操作自检，再生不达标重新操作，交付验收；检验合格后填写自检记录，交付班组长进行工序流转	32

课程目标
学习完本课程后，学生应当能够胜任制冷剂的回收与再生操作等工作，并严格执行企业安全生产制度、环保管理制度，具备安全意识、质量意识、职业健康和环境保护意识，养成爱岗敬业、自主学习、沟通协调、团队合作等职业素质，包括： （1）能读懂制冷系统图纸和工艺文件，明确工作任务、技术要求和质量标准。 （2）能通过技术交底和有效沟通明确制冷剂的回收充注操作方法、制冷剂的回收充注操作流程、技术要求和质量标准。 （3）能通过图样的制冷剂的回收充注操作工艺文件确认设备质量符合要求、预防措施到位。 （4）能根据制冷剂的回收充注操作工艺文件完成安装前准备工作，并确认作业场地和周围环境达到劳动安全和职业健康要求。 （5）能按要求使用设和工具，严格执行管道连接工艺文件，完成制冷剂的回收充注操作；操作过程中能采取有效措施预防和减少制冷剂泄漏、回收不彻底等现象。 （6）能按要求进行制冷剂的回收充注操作处的清理、自检、制冷剂残留再回收；能填写回收记录表。 （7）能与相关人员进行有效沟通，获取解决问题的方法和措施，解决工作过程中的常见问题。 （8）能对设备和工具等进行日常维护和保养

学习内容
本课程的主要学习内容包括： （1）制冷剂臭氧层破坏的相关知识。制冷剂的回收充注操作中需要的相关知识有制冷剂的分类、性质、应用，臭氧层破坏机理、制冷剂替代要求等，各类制冷剂的特点、标准、规范；制冷剂应用于中常见问题及解决方法。 （2）制冷剂的回收充注操作知识。制冷剂的回收充注操作流程及注意事项，制冷剂的回收充注操作中常见问题及解决方法。 （3）制冷剂的回收充注操作设备和辅助设备工作原理、制冷剂的回收充注操作常用工具的使用与维护。 （4）制冷剂的回收充注操作技能。能操作制冷剂回收机、真空泵、学会各种制冷剂回收操作技能、进行溶液 pH 检验、技术要求等 （5）制冷剂的回收充注操作质量检验相关知识。 （6）制冷剂的回收充注操作作业安全及环境防护。制冷剂的回收充注操作设备及工具的安全操作规程；作业场地和周围环境的安全要求；劳动安全和健康相关规定

续表

参考性学习任务		
序号	名称	学时/h
1	制冷剂知识	60
2	制冷剂回收与再利用知识	60
3	制冷剂回收操作	80
教学实施建议		
1. 教学组织方式方法建议 采用行动导向的教学方法。为确保教学安全，提高教学质量，建议采用分组教学的形式（2～4 人/组）；在完成工作任务的过程中，教师须加强示范与指导，注重学生职业素养和规范操作的培养。根据制冷剂的回收充注操作工艺文件要求不能泄漏、不残留； 制冷剂的回收充注操作时重点学习制冷剂的分类、应用；制冷剂回收设备的结构原理、操作方法、制冷剂再生原理、所用设备与工具的操作使用及安装操作技能。 2. 教学资源配备建议 （1） 教学场地。教学场地须具备良好的安全、照明和通风条件。可分为学习交流区、管道连接区、制冷空调系统安装维修区、制冷空调设备及配件展示区、工具与材料存放区、压力容器存储区、教学成果发布区等，并配备相应的多媒体教学设备等。 （2） 工具、材料、设备。 工具：钢丝钳、活络扳手、制冷剂回收储罐、修理表阀、连接软管、真空泵、储液罐、橡胶手套等； 材料：pH 试纸、肥皂水等； 设备：制冷剂回收机等。 （3） 教学资料。图纸、产品说明书、制冷剂回收工艺文件、技术手册、工具书、技术规范、技术标准、操作规程、数字化资源等		
教学考核要求		
采用过程性考核和终结性考核相结合的方式。 1. 过程性考核 采用自我评价、小组互评和教师评价相结合的方式进行考核；让学生学会自我评价，教师要善于观察学生的学习过程，结合学生的自我评价、小组评价进行总评并提出改进建议。 （1） 课堂考核：考核出勤、学习态度、课堂纪律、小组合作与展示等情况。 （2） 作业考核：考核工作页的完成情况、课后练习等情况。 （3） 阶段考核：纸笔测试、实操测试、口述测试。 2. 终结性考核 学生根据任务情境中的要求，按照作业规范，在规定时间内完成制冷剂的回收与再生操作任务，达到行业规定的质量标准；教师按任务要求进行考核，并提前准备好考核所需的工具、材料、设备和资料等		

续表

教学考核要求
考核任务案例：分体式空调器制冷剂的回收操作。 情境描述 某用户需要移机 3 500W 的分体式空调器，空调器内充注 R32 制冷剂，现安排在规定的时限内完成空调器内制冷剂回收任务。 任务要求 根据任务的情境描述，在 90min 内完成： （1）写出分体式空调器的标注含义、空调器的结构尺寸和安装前的准备工作。 （2）写出回收分体式空调器制冷剂所需要的材料、设备、工具等。 （3）写出回收分体式空调器内制冷剂时操作的关键点和相应控制措施。 （4）完成回收分体式空调器内制冷剂的操作。 参考资料：完成上述任务时，可以使用所有的教学资料，如工作页、相关教材、技术手册、工具书、技术规范、技术标准、操作规程、空调器说明书等

表 2－12　PLC 变频控制设备安装与检修课程标准

一体化课程名称	PLC 变频控制设备安装与检修	基准学时/h	600
典型工作任务描述			
制冷空调系统用 PLC 变频控制设备安装检修是操作人员借助各类材料、设备、工具对制冷空调系统用的变频器和 PLC 进行安装或常见故障分析与处理，确保制冷空调系统实现对物品或空间的调温、调湿、通风、洁净等功能的有效控制及节能运行，以满足舒适性空调、工艺性空调以及冷库的冷冻、冷藏的技术要求。制冷空调系统用 PLC 变频控制设备安装或检修涉及电子与电气等多种工种协调配合。操作人员应持有相应特种作业操作证。工作过程如下： 制冷空调检修人员从班组长处接受制冷空调系统用的 PLC 变频控制设备安装或检修任务，领取工程图纸、安装或检修工艺文件、技术要求和材料；准备安装或检修用设备、气体、工具等；检查确认设备、工具、安装或检修现场和周围环境符合安全要求；检测与分析 PLC 变频控制系统运行参数、性能的特点、难点及质量控制关键点，采取相应的控制措施；察看控制系统运行中出现的异常现象，分析故障现象产生的原因，提出检修方案；进行安装或检修前准备，实施 PLC 变频控制设备的安装或故障检修作业；安装或检修完成后进行现场清理、系统检修进行自检、缺陷返修；待控制系统运行符合要求后；交付检验，检验合格后填写自检记录，交付班组长进行工序流转。 在工作过程中，树立严谨的工作态度，严格按工艺文件和工作流程开展工作，注意团结协作、沟通交流和劳动保护，养成良好的职业素养；在作业过程中，严格遵守和执行岗位操作规程，安全、质量、环境及职业健康等管理制度			

续表

工作内容分析		
工作对象 （1）工作任务的领取与分析； （2）制冷空调电气系统工程图纸、变频器和PLC 说明书及程序的识读； （3）现场勘察，与制冷空调系统操作人员的沟通，任务目标与工作要求的明确； （4）项目任务书的解读、检修计划的制订； （5）检修前的准备，包括工量具、仪器仪表和材料准备； （6）安全防护措施的设置，变频器与 PLC 控制电路故障分析与处理、设备的自检； （7）检修后工程的交付和现场整理	**工具、材料、设备与资料** （1）工具：电工常用工具（1 套）、仪表（钳形电流表、兆欧表、转速表）等； （2）材料：各种规格导线、冷压端子、号码笔、扎带、热缩管、控制器件、保护器件、劳保用品、安全警示设施等； （3）设备：变频器、可编程控制器等电路控制设备； （4）资料：图纸、产品说明书、施工工艺文件、检修档案、电工手册、工具书、技术规范、技术标准、电气安全操作规程等。 **工作方法** （1）检修现场察看与清理； （2）检修设备配备及使用方法； （3）产品说明书及资料查阅方法； （4）相关信息与程序的检索方法； （5）变频器与 PLC 控制电路常见故障分析与处理方法（测量法、排除法、替换法）； （6）制冷空调电气控制系统检修护质量检验标准。 **劳动组织方式** （1）从班组长处接受工作任务，从技术人员处接受制冷空调变频器与 PLC 控制电路检修的交底； （2）团结协作完成制冷空调系统变频器与 PLC 控制电路检修的作业； （3）自检合格后将检修项目交付班组长	**工作要求** （1）能阅读检修任务书，明确任务的工时、质量、安全等要求； （2）能获取、查阅设备出厂资料和检修档案，识读电气控制原理图和 PLC 控制程序，熟悉制冷空调系统控制功能与性能指标； （3）能完成现场勘察，与制冷空调系统操作人员进行沟通，了解故障现象，明确检修任务和工作要求； （4）能根据 PLC 变频控制的检修规范编制完整的检修方案； （5）能根据检修方案准备元器件清单、耗材清单及工具清单； （6）能设置安全防护措施，自主学习和应用 PLC 变频控制系统中新设备、新技术，综合分析故障情况，进行故障诊断和排除，对恢复正常的制冷空调电气控制系统通电试运行，自检设备、根据需要进行缺陷返修，准确填写自检记录； （7）按照检修工作流程及时交付工程，按照设备、工具维护保养要求进行必要的清理、维护、保养，工作过程中注重职业素养的培养，树立严谨的工作态度，认真执行管理规定

代表性工作任务		
任务名称	**任务描述**	**工作时间/h**
安装 PLC 变频控制系统	根据制冷空调公司接到的制冷空调系统电气控制系统安装任务，制冷空调系统控制电路为冷水机组集中式空调系统的变频器与 PLC 控制电路，需要安装与工具与材料有钢丝钳、活络扳手、电工与电气常用工具、万用表、绝缘表、铜塑线、软线、坚固件、号码管、号码笔、通信电缆、电线及包扎材料若干，要求操作人员根据用户要求安装完成	32

续表

任务名称	任务描述	工作时间/h
安装 PLC 变频控制系统	制冷空调系统用的 PLC 变频控制系统硬件设备与软件，并能测试使其正常工作运行，工时为 32h。 操作人员从班组长处接受制冷空调系统用安装 PLC 变频控制系统任务，通过阅读工程设计图纸，与设备操作人员沟通，了解制冷空调系统运行功能要求，明确安装方案，领取变频器、可编程控制器、安装配电盘、导轨等电气设备、材料；准备电工工具等；检查确认设备、工具、作业场地和周围环境符合安全要求；检查变频器与可编程控制器的规格与型号，确认安装内容；进行安装前准备；针对安装变频器与可编程控制电路的硬件与软件安装工艺特点及现场的情况，分析安装难点及质量控制关键点，采取相应措施，实施变频器与可编程控制器硬件设备与软件安装；安装与布线作业自检，安装与布线不当返修；检验合格后填写安装操作记录，交付班组长进行工序流转	32
检修 PLC 变频控制系统设备	根据制冷空调公司接到的制冷空调系统检修任务，制冷空调系统为冷水机组集中式空调系统，经检查影响制冷空调系统工作的因素是由于 PLC 变频控制系统的保护功能出现问题，需要维护工具与材料有钢丝钳、活络扳手、测量工具、万用表、绝缘表等，电线及包扎材料若干，要求操作人员根据用户要求检修好制冷空调系统，并能正常工作运行，工时为 32h。 操作人员从班组长处接受检修 PLC 变频控制系统任务，通过阅读工程设计图纸与设备说明书，与设备操作人员沟通，了解制冷空调系统运行功能要求，确定检修方案，领取电线等工具与材料；准备设备和工具等；检查确认设备、工具、作业场地和周围环境符合安全要求；对变频器与可编程控制器设备进行检测、确认电气控制系统存在的问题；对存在的问题进行分析处理，实施 PLC 变频控制系统检修操作；检修后自检，发现问题进行调整；检验合格后填写检修操作记录，交付班组长进行工序流转	32
编写 PLC 变频控制系统程序	根据制冷空调公司接到的制冷空调系统 PLC 变频控制程序编写任务，制冷空调系统为冷水机组集中式空调系统，需要工具与材料有钢丝钳、活络扳手、万用表、绝缘表、电线及包扎材料若干，要求操作人员根据用户要求冷水机组集中式空调系统，并能正常工作运行，工时为 32h。 操作人员从班组长处接受冷水机组集中式空调系统任务，通过阅读工程设计图纸，与设备操作人员沟通，了解制冷空调系统运行功能要求，了解控制系统的控制规模、控制方式、输入和输出信号的种类和数量等，做好编写程序前的准备工作；在此基础上，确定程序的基本结构和结构框图；根据设计出的框图编写控制程序；程序测试，修改和完善程序，交付验收；检验合格后填写程序编写记录，交付班组长进行工序流转	32

续表

任务名称	任务描述	工作时间/h
分析、诊断和处理 PLC 变频控制系统故障	根据制冷空调公司接到的制冷空调系统检修任务，发现是 PLC 变频控制系统的故障问题，制冷空调系统为冷水机组集中式空调系统，需要检修工具与材料有钢丝钳、活络扳手、测量工具（各类数据检测）、万用表、绝缘表等，电线及包扎材料若干，要求操作人员根据用户要求分析、诊断和处理 PLC 变频控制系统故障，并能使其正常工作运行，工时为 32h。 操作人员从班组长处接受分析诊断和处理 PLC 变频控制故障任务，通过阅读任务单，与设备操作人员沟通，了解故障现象，初步分析、诊断故障范围，根据单领取各类电器数据检测工具与设备；准备设备和工具等；检查确认设备、工具、作业场地和周围环境符合安全要求；检测制冷空调系统运行状态、确认符合要求；进行检修前准备；针对分析诊断和处理变频器与可编程控制电路故障的工艺要求及现场的情况，分析检修难点及质量控制关键点，采取相应措施，实施制冷空调系统中分析诊断和处理 PLC 变频控制故障；检修后自检，缺陷返修，交付验收；检验合格后填写检修记录，交付班组长进行工序流转	32
课程目标		
学习完本课程后，学生应当能够胜任 PLC 变频控制控制系统安装或检修等工作，并严格执行企业安全生产制度、环保管理制度，具备安全意识、质量意识、职业健康和环境保护意识，养成爱岗敬业、自主学习、沟通协调、团队合作等职业素质，包括： （1）能读懂 PLC 变频控制系统设计与施工图纸和工艺文件，明确工作任务、技术要求和质量标准。 （2）能通过技术交底和有效沟通明确 PLC 变频控制系统故障分析方法、PLC 变频控制系统安装检修流程、满足用户技术要求和质量标准。 （3）能通过 PLC 变频控制系统故障分析与检修工艺文件确认设备质量符合要求、预防措施到位。 （4）能根据 PLC 变频控制系统故障分析与检修工艺文件完成检修前准备工作，并确认作业场地和周围环境达到劳动安全和职业健康要求。 （5）能按要求使用设和工具，严格执行制冷空调系统检修工艺文件，完成各 PLC 变频控制系统故障分析与检修；检修过程中能采取有效措施预防和减少 PLC 变频控制系统故障分析与检修产生的缺陷、要求制冷空调系统检修后性能满足用户要求、避免检修产生的不良等现象。 （6）能按要求进行 PLC 变频控制系统设备的清理、自检；能依据返修通知单及返修工艺文件进行 PLC 变频控制系统检修缺陷返修；能填写自检记录表。 （7）能与相关人员进行有效沟通，获取解决问题的方法和措施，解决工作过程中的常见问题。 （8）能对设备和工具等进行日常维护和保养		

续表

<table>
<tr><th colspan="3">学习内容</th></tr>
<tr><td colspan="3">本课程的主要学习内容包括：
（1）可编程序控制器及其应用知识。
（2）变频器应用技术知识。
（3）电气检修设备与工具使用知识。
（4）可编程控制器与变频器故障分析与检修知识。制冷空调系统用可编程控制器与变频器安装中各类系统的布置安装原则，制冷空调系统可编程控制器与变频器应用中常见问题及解决方法。
（5）制冷空调系统可编程控制器与变频器检修工艺及操作技能。制冷空调系统用可编程控制器与变频器故障分析方法、故障检修的流程、技术要求等。
（6）制冷空调系统用可编程序控制器与变频器检修质量检验相关知识。
（7）制冷空调系统用可编程序控制器与变频器检修作业安全及环境防护。制冷空调系统用可编程控制器与变频器检修设备及工具的安全操作规程；作业场地和周围环境的安全要求；检修操作劳动安全和健康相关规定</td></tr>
<tr><th colspan="3">参考性学习任务</th></tr>
<tr><td>序号</td><td>名称</td><td>学时/h</td></tr>
<tr><td>1</td><td>电工与电子技术</td><td>100</td></tr>
<tr><td>2</td><td>自动控制基础</td><td>60</td></tr>
<tr><td>3</td><td>可编程序控制器及其应用</td><td>100</td></tr>
<tr><td>4</td><td>变频器应用技术</td><td>100</td></tr>
<tr><td>5</td><td>可编程序控制器与变频器安装</td><td>100</td></tr>
<tr><td>6</td><td>可编程序控制器与变频器故障分析与检修</td><td>140</td></tr>
<tr><th colspan="3">教学实施建议</th></tr>
<tr><td colspan="3">1. 教学组织方式方法建议
采用行动导向的教学方法。为确保教学安全，提高教学质量，建议采用分组教学的形式（2～4 人/组）；在完成工作任务的过程中，教师须加强示范与指导，注重学生职业素养和规范操作的培养。根据制冷空调系统可编程序控制器与变频器故障分析与检修工艺文件，要求制冷空调系统用可编程序控制器与变频器故障分析与检修合理检修，可编程序控制器与变频器安装与线路布置符合设计要求、接线不能错误；
制冷空调系统可编程序控制器与变频器故障分析与检修时重点学习电工与电子、自动控制基础，可编程序控制器与变频器安装与故障分析方法及其处理、检修技术要求检修注意事项、检修所用设备与工具的操作使用及检修要求与操作技能。
2. 教学资源配备建议
（1）教学场地。教学场地须具备良好的安全、照明和通风条件。可分为学习交流区、管道连接区、</td></tr>
</table>

续表

教学实施建议
制冷空调系统安装维修区、制冷空调设备及配件展示区、工具与材料存放区、压力容器存储区、教学成果发布区等，并配备相应的多媒体教学设备等。 （2）工具、材料、设备。 工具：钢丝钳、活络扳手、割管器、胀管器、测量工具（框式水平仪、千分表、平尺、钢卷尺、直角尺）、夹具、万用表、绝缘表等； 材料：铜管、焊接材料（焊条、）、油料（润滑油、润滑脂）、清洗剂、制冷剂、保温材料、包扎带、胶水、氧气、乙炔等； 设备：吊装设备（钢丝绳、轧头、卡环、链式起重机等）、移动设备焊接设备（焊枪、氧气瓶、乙炔瓶）。 （3） 教学资料。图纸、产品说明书、检修施工工艺文件、技术手册、工具书、技术规范、技术标准、操作规程、数字化资源等
教学考核要求
采用过程性考核和终结性考核相结合的方式。 1. 过程性考核 采用自我评价、小组互评和教师评价相结合的方式进行考核；让学生学会自我评价，教师要善于观察学生的学习过程，结合学生的自我评价、小组评价进行总评并提出改进建议。 （1）课堂考核：考核出勤、学习态度、课堂纪律、小组合作与展示等情况。 （2）作业考核：考核工作页的完成情况、课后练习等情况。 （3）阶段考核：纸笔测试、实操测试、口述测试。 2. 终结性考核 学生根据任务情境中的要求，按照作业规范，在规定时间内完成制冷空调系统可编程序控制器与变频器检修任务，达到行业规定的质量标准；教师按任务要求进行考核，并提前准备好考核所需的工具、材料、设备和资料等。 考核任务案例：变频器控制电路安装。 情境描述 某用户需要对制冷空调系统进行变频器控制电路安装操作，实现制冷空调系统的变频节能控制，现安排在规定的时限内完成此任务。 任务要求 根据任务的情境描述，在 90min 内完成： （1）写出制冷空调系统变频器控制电路的标注含义、制冷空调系统变频器控制电路安装操作前的准备工作。 （2）写出制冷空调系统变频器控制电路安装操作所需要的材料、设备、工具等。 （3）写出制冷空调系统变频器控制电路安装操作流程及质量控制的关键点和相应控制措施。 （4）完成制冷空调系统变频器控制电路安装及线路布置操作。 参考资料：完成上述任务时，可以使用所有的教学资料，如工作页、相关教材、技术手册、工具书、技术规范、技术标准、操作规程、空调器说明书等。

表 2－13　培训与指导课程标准

<table>
<tr><td>一体化课程名称</td><td>培训与指导</td><td>基准学时/h</td><td>200</td></tr>
<tr><td colspan="4">典型工作任务描述</td></tr>
<tr><td colspan="4">制冷空调系统安装维修工的培训与指导是对制冷空调系统安装维修企业从事的相关人员进行制冷空调系统安装维修的操作流程、作业规范、技术疑难、节能改造、环境保护等方面的培训指导。培训与指导是根据培训单位的培训要求确定培训目标，组织专业人员（制冷空调系统安装维修工技师）制订相应的培训方案，在规定时限内完成理论知识、操作技能培训，并完成相应的评定考核。工作过程如下：
制冷空调系统安装维修工技师接受制冷空调系统安装维修企业培训与指导任务后，根据任务要求，对制冷空调系统安装维修项目及相关工艺文件进行分析，与现场安装维修人员沟通，提炼出培训与指导所需要的相应工艺要求与实际操作技巧，采取现场讲解、示范操作等教学方式进行技术指导，以提高制冷空调系统安装维修人员的良好操作与技术水平，制冷空调系统安装维修工技师接受培训与指导任务后，了解受训人员现有技能水平，制订培训方案，编写讲义，制作培训课件，准备场地、工具、设备和材料等；按照培训方案对制冷空调系统安装维修工进行培训；通过笔试测试、实操测试等方式进行考核，确保受训人员的理论知识与实际操作技能均达到培训要求。
在工作过程中，树立严谨的工作态度，严格按工艺文件和工作流程开展工作，注意团结协作、沟通交流和劳动保护，养成良好的职业素养；在作业过程中，严格遵守和执行岗位操作规程，安全、质量、环境及职业健康等管理制度</td></tr>
<tr><td colspan="4">工作内容分析</td></tr>
<tr><td>工作对象
（1）工作任务的研究与分析；
（2）制冷空调系统安装维修现场管理；
（3）制冷空调系统安装维修现场指导；
（4）培训需求的分析和培训方案的制订；
（5）培训的实施；
（6）培训对象的考核；
（7）培训总结的撰写</td><td>工具、材料、设备与资料
（1）工具：培训用工具、实操用设备与工具等；
（2）材料：实操用的材料（管材、焊接材料、氮气、制冷剂等）、培训用材料（记号笔、磁贴、标签纸等）；
（3）设备：多媒体教学设施、网络设备、依据培训内容需配置的安装维修设备等；
（4）资料：图纸、产品说明书、制冷空调系统安装维修工艺文件、技术手册、工具书、技术规范、技术标准、操作规程、培训资料等。
工作方法
（1）演示法；
（2）归纳法；
（3）资料查阅法；
（4）行动导向法</td><td colspan="2">工作要求
（1）明确培训与指导的内容与要求；
（2）及时发现和纠正制冷空调系统安装维修人员违规操作、作业流程错误等问题，消除安全隐患；
（3）根据操作规程、作业流程，采取现场讲解、示范操作等方式进行指导；分析、解答制冷空调系统安装维修人员在作业过程中遇到的技术疑难问题；
（4）了解分析受训制冷空调系统安装维修工的知识、技能等基础条件和培训单位的培训目标；按照企业培训管理制度编制培训方案，完成培训讲义和培训课件的开发；
（5）按照企业培训管理制度进行集中培训，在培训过程中应兼顾培训对象个体的学习基础；
（6）通过纸笔测试、被实操测试等方式进</td></tr>
</table>

续表

工作内容分析		
	劳动组织方式 （1）独立向制冷空调系统安装维修人员提供现场指导和集中培训； （2）独立或协作完成技能培训工作	行考核，确保受训制冷空调安装维修工理论知识与实际操作技能均达到培训要求；通过满意度调查等形式对培训效果进行评价，确保考核评价结果真实有效； （7）撰写培训总结，分析培训中存在的问题，提出改进建议，及时进行反馈
代表性工作任务		
任务名称	**任务描述**	**工作时间/h**
编写高级工讲义	某制冷空调企业为进一步提升企业现有制冷空调系统安装维修人员的专业理论与技能水平，提高本企业人员的技能素养，确保高质量完成技术复杂的制冷空调系统安装或检修项目，为企业创造更高的经济效益；项目部请求公司安排制冷空调系统安装维修工技师对现有的制冷空调系统安装维修工中级技能人员进行高级工理论与技能集中培训。 制冷空调系统安装维修工技师接受高级工理论与技能集中培训任务后，根据任务要求，研究制冷空调系统安装维修工国家职业技能标准中高级工相关知识要求，以及分析培训人员的专业知识与技能水平，结合培训计划与培训课程的要求，编写出制冷空调系统安装维修工高级工理论与技能的培训讲义，制作培训课件等教学资料，讲义编写要结合学员情况，突出制冷空调知识应用、技术规范、操作流程的重点与难点，确保学员理解、掌握、提高	16
编制高级工技能教案并进行指导	某制冷空调企业为进一步提升企业现有制冷空调系统安装维修人员的专业理论与技能水平，提高本企业人员的技术素养，确保高质量完成技术复杂的制冷空调系统安装项目，为企业创造更高的经济效益；项目部请求公司安排制冷空调系统安装维修工技师对现有的制冷空调系统安装维修工中级技能人员进行高级工技能集中培训与指导。 制冷空调系统安装维修工技师接受高级工技能集中培训任务后，根据任务要求，研究制冷空调系统安装维修工国家职业技能标准中高级工工作内容与技能要求，分析培训人员的专业知识与技能水平，结合培训计划与培训课程的要求，编写出制冷空调系统安装维修工高级工的技能教案，技能教案编写要结合学员情况，突出制冷空调技术应用、技术规范、操作流程的细节、关键点及实际操作的技巧，	16

续表

任务名称	任务描述	工作时间/h
编制高级工技能教案并进行指导	强调操作过程中的注意事项； 制冷空调系统安装维修工技师在技能培训中通过现场讲解、示范操作等方法进行指导，组织制冷空调系统安装维修培训人员在实训场地开始练习操作，直到确认制冷空调系统安装维修人员作业达到良好操作的技术水平；指导任务完成后进行总结分析，形成书面报告，提交相交技术负责人员	16
课程目标		
学习完本课程后，学生应当能够胜任制冷空调系统安装维修工的理论知识讲义、技能教案的编写及技能培训与指导等工作，并严格执行企业安全生产制度、环保管理制度，具备安全意识、质量意识、职业健康和环境保护意识，养成爱岗敬业、自主学习、沟通协调、团队合作独立分析和解决疑难问题、创新改进等职业素质，包括： （1）能根据技术规范和相关管理制度，及时发现和纠正制冷空调系统安装维修人员违规操作、作业流程错误等问题，消除安全隐患，确保安装维修质量。 （2）能根据操作规程、作业流程，采取现场讲解、示范操作等方式进行指导；能按照岗位工作职责的要求，分析、解答制冷空调系统安装维修人员在作业过程中遇到的技术疑难问题。 （3）能针对制冷空调系统安装维修作业过程中普遍存在的问题进行成因分析，对新技术、新材料、新设备、新工艺进行技术分析。 （4）能按照企业培训管理制度，编制培训方案和配套的培训资料，并能运用演示法、行动导向法等教学方法组织开展集中培训。 （5）能采取有效的方法对学员培训效果进行评价，分析培训中存在的问题，提出改进建议，撰写培训总结		
学习内容		
本课程的主要学习内容包括： （1）企业培训管理制度。 （2）课堂教学与技能培训的教学方法。 （3）工作中疑难问题的分析方法。 （4）制冷空调专业发展趋势及其安装维修的新技术、新材料、新设备、新工艺的资料搜集与分析应用。 （5）培训方案、培训资料编写方法，培训课件的制作方法。 （6）行动导向法等教学方法及其运用的步骤、注意事项。 （7）培训项目总结的撰写方法。 （8）理论与技能培训及指导过程中的相关沟通技巧，团队合作、教学组织等相关知识与技能		

续表

参考性学习任务		
序号	名称	学时/h
1	讲义与教案编写知识	80
2	技能教学指导方法	80
3	教学培训组织管理	40
教学实施建议		
1. 教学组织方式方法建议 采用行动导向的教学方法。为确保教学安全，提高教学质量，建议采用分组教学的形式（2～4 人/组）；在完成工作任务的过程中，教师须加强示范与指导，注重学生职业素养和规范操作的培养。根据学员状况注意因材施教。 2. 教学资源配备建议 （1）教学场地。教学场地须具备良好的安全、照明和通风条件。可分为学习交流区、管道连接区、制冷空调系统安装维修区、制冷空调设备及配件展示区、工具与材料存放区、压力容器存储区、教学成果发布区等，并配备相应的多媒体教学设备等。 （2）工具、材料、设备。 工具：培训用工具、制冷空调系统安装维修用工具等； 材料：制冷空调系统安装维修用材料（铜管、制冷剂、氮气、保温材料等）、培训用材料（记号笔、磁贴、标签纸等）； 设备：多媒体教学设施，网络设备以及依据培训内容需配置的制冷空调系统安装维修用的设备等。 （3）教学资料。图纸、产品说明书、制冷剂回收工艺文件、技术手册、工具书、技术规范、技术标准、操作规程、数字化资源等		
教学考核要求		
采用过程性考核和终结性考核相结合的方式。 1. 过程性考核 采用自我评价、小组互评和教师评价相结合的方式进行考核；让学生学会自我评价，教师要善于观察学生的学习过程，结合学生的自我评价、小组评价进行总评并提出改进建议。 （1）课堂考核：考核出勤、学习态度、课堂纪律、小组合作与展示等情况。 （2）作业考核：考核工作页的完成情况、课后练习等情况。 （3）阶段考核：纸笔测试、实操测试、口述测试。 2. 终结性考核 学生根据任务情境中的要求，按照作业规范，在规定时间内完成理论培训讲义编写、技能教案编制及其指导的任务，达到行业规定的质量标准；教师按任务要求进行考核，并提前准备好考核所需的工具、材料、设备和资料等。 考核任务案例：制冷系统故障诊断与处理方法的讲义编写。		

续表

教学考核要求
情境描述 某制冷空调企业开办制冷空调系统安装维修工高级工培训班，有 12 名取得中级工的学员参加培训，根据教学进程安排，现需要在规定时限编写制冷系统故障诊断与处理方法讲义并进行授课。 任务要求 根据任务的情境描述，在 90min 内完成： （1）根据培训需求编写出培训讲义。 （2）编制培训课件并完成 20min 左右的试讲。 （3）编制一份考核试卷。 参考资料：完成上述任务时，可以使用所有的教学资料，如工作页、相关教材、技术手册、工具书、技术规范、技术标准、操作规程等

表 2－14　制冷空调系统管理课程标准

一体化课程名称	制冷空调系统管理	基准学时/h	400
典型工作任务描述			
制冷空调系统管理是以提高制冷空调企业的工作效率和效益为目标，制冷空调系统安装维修技师协助企业管理者能聚合制冷空调企业的各类资源，充分运用管理的功能，使企业在安装维修过程中取得最大的效益，并能延长制冷空调系统运行寿命。工作过程如下： 制冷空调系统安装维修工技师接受制冷空调系统安装维修企业管理任务后，根据任务要求，能制订制冷空调系统安装维修安全操作规程，组织实施制冷空调系统安装检修工艺改进、成本核算、定额及质量管理，能进行制冷空调系统技术状况评定，能进行制冷空调系统安装维修器具、检测诊断设备调试和合规使用，能分析安装维修质量对制冷空调系统运行性能的影响，能撰写各类技术报告。 在工作过程中，制冷空调系统安装维修人员要树立严谨的工作态度，严格按工艺文件和工作流程开展工作，注意团结协作、沟通交流和劳动保护，养成良好的职业素养；在作业过程中，严格遵守和执行岗位操作规程，安全、质量、环境及职业健康等管理制度			
工作内容分析			
工作对象 （1）制冷空调系统安装维修技术规范和标准查阅与应用分析； （2）制冷空调系统安装维修安全操作规程制订； （3）制冷空调企业内	**工具、材料、设备与资料** （1）工具：管理用工具、实操用设备与工具等； （2）材料：实操用的材料（管材、焊接材料、氮气、制冷剂等）、管理用材料（记号笔、磁贴、标签纸等）； （3）设备：管理用设施、网络设备、依据管理内容需配置的安装维修设备等； （4）资料：图纸、产品说明书、制冷空调系统	**工作要求** （1）了解制冷空调企业管理的内容与要求； （2）及时发现和纠正制冷空调系统安装维修人员违规操作、作业流程错误等问题，消除安全隐患； （3）进行项目立项准备、项	

续表

<table>
<tr><th colspan="3">工作内容分析</th></tr>
<tr><td>部的管理；
（4）制冷空调系统安装维修现场质量管理；
（5）制冷空调系统安装维修项目成本核算管理；
（6）实施制冷空调系统安装检修工艺改进；
（7）撰写考察、测试、技术、实验等报告</td><td>安装维修工艺文件、技术手册、工具书、技术规范、技术标准、操作规程、产品说明书等。
工作方法
（1）制冷空调系统技术规范和标准的查阅方法；
（2）技术文件与各类报告撰写方法；
（3）项目成本核算与定额方法；
（4）制冷空调系统技术评定方法；
（5）制冷空调系统安装维修质量分析与管理方法
劳动组织方式
（1）能协助完成制冷空调系统安装维修安全操作规程与制订；
（2）能参与制冷空调系统安装维修现场质量管理；
（3）能进行制冷空调系统安装维修项目成本核算管理；
（4）能实施制冷空调系统安装检修工艺改进；
（5）能撰写考察、测试、技术、实验等报告</td><td>目的预期目标及可行性分析、项目预算及报批、验收；
（4）根据操作规程、作业流程，编写制冷空调系统项目安装维修工艺及质量控制措施；
（5）检查制冷空调系统安装维修人员规范、安全作业习惯的养成和维修技术的提升情况，并做好记录；
（6）分析制冷空调系统安装维修质量对制冷空调系统工作性能的影响，根据制冷空调系统运行性能提出改进工艺的措施；
（7）撰写测试、实验、技术、考察及总结报告</td></tr>
</table>

<table>
<tr><th colspan="3">代表性工作任务</th></tr>
<tr><th>任务名称</th><th>任务描述</th><th>工作时间/h</th></tr>
<tr><td>制冷空调系统安装检修安全规范的编制</td><td>某制冷空调企业承接了大型建筑制冷空调工程的安装任务，为确保工程安全有序的顺利完成，管理部门需要制订该项目的安装规范。
制冷空调系统安装维修工技师接受工程安装安全规范编制任务后，领取制冷空调系统工程设计图纸与施工方案等资料，实地考察建筑现场，查阅相关技术规范与标准，根据制冷空调系统工程施工进度、人员数量、安装设备、制冷空调系统技术特点、规模以及业主的要求编写出制冷空调系统工程安装的安全作业规范，并交相关负责人审核。任务完成后进行总结分析，形成书面报告，提交相交技术负责人员审核</td><td>16</td></tr>
<tr><td>制冷空调系统安装检修工艺流程的编制</td><td>某制冷空调企业承接了某建筑制冷空调系统检修任务，为确保检修任务的高质量、有序地顺利完成，管理部门需要编制该项目的检修工艺流程，以确保检修的规范性。
制冷空调系统安装维修工技师接受检修工艺流程编制任务后，领取该</td><td>16</td></tr>
</table>

续表

任务名称	任务描述	工作时间/h
制冷空调系统安装检修工艺流程的编制	项目的工程图样、检修文件，实地考察制冷空调系统现场，了解和分析制冷空调设备运行性能等工作状况，查阅相关技术规范与标准，编制出制冷空系统检修工艺流程，突出制冷空调技术应用、技术规范、操作流程的细节、关键点及实际操作的技巧，强调操作过程中的注意事项。 任务完成后进行总结分析，形成书面报告，提交相交技术负责人员审核	16
制冷空调系统技术状况技术评价报告编制	某制冷空调企业承接了某建筑制冷空调系统评估任务，为确保制冷空调系统技术状况与技术评价能如实反映制冷空调系统的工作状况，经考察分析后需要编制技术评价报告，供业主进行决策参考。 制冷空调系统安装维修工技师接受制冷空调系统评估任务后，领取该项目的工程图样、安装施工、日常运行记录、维修保养等文件资料，并实地考察制冷空调系统现场，与相关操作人员沟通，了解和分析制冷空调设备运行性能等工作状况，查阅相关技术规范与标准，编制出制冷空系统技术状况与技术评价报告，突出制冷空调技术应用、技术规范、运行性能的细节、关键点及实际能耗实际水平。 任务完成后进行总结分析，形成书面报告，提交相交技术负责人员审核	16
制冷空调系统检修器具管理与检定方案的编制	制冷空调企业承接了制冷空调系统检修器具管理与检定方案检修任务，为确保检修器具管理与检定的高质量、有序地顺利完成，管理部门需要编制制冷空调系统检修器具管理与检定方案，以确保检修器具管理与检定的规范性。 制冷空调系统安装维修工技师接受制冷空调系统检修器具管理与检定方案的编制任务后，查阅相关器具的使用说明书，并与器具使用人员沟通，了解检修器具在使用中出现的问题，领取制冷空调系统检修器具管理与检定的文件，实地考察相关制冷空调系统检修器具，了解和分析制冷空调系统检修器具使用性能等工作状况，查阅相关技术规范与标准，编制制冷空调系统检修器具管理与检定方案，突出制冷空调系统检修器具的应用、技术规范、操作流程的细节、关键点及实际操作的技巧，强调操作过程中的注意事项。 任务完成后进行总结分析，形成书面报告，提交相交技术负责人员审核	16

续表

任务名称	任务描述	工作时间/h
考察、调试、技术报告编制	某制冷空调企业准备承接某建筑制冷空调系统项目安装任务，为充分了解与掌握制冷空调系统项目的规模、业主的状况、项目技术要求与项目的经济效益，管理部门要求相关人员进行实地考察，经考察分析后需要编制技术报告，供主管进行决策参考。 制冷空调系统安装维修工技师接受制冷空调系统考察、调试、技术报告编制任务后，实施对该项目的实地考察、与业主相关人员沟通交流、了解项目的性质、目的、规划与设计、领取该项目文件资料，查阅相关技术规范与标准，编制出制冷空调系统项目的考察等技术报告，突出制冷空调技术应用、技术规范、项目性质的细节、关键点及实际能耗实际水平。 任务完成后进行总结分析，形成书面报告，提交相交技术负责人员审核	16
制冷空调系统检修质量、故障诊断评定报告编制	某制冷空调企业承接了某建筑制冷空调系统检修任务，为如实反映制冷空调系统检修前后的工作状况，经考察分析后需要编制故障诊断与检修质量评定报告，供业主进行管理决策参考。 制冷空调系统安装维修工技师接受制冷空调系统检修质量、故障诊断评定报告编制任务后，领取该项目的工程图样、安装施工、日常运行记录、维修保养等文件资料，并实地考察制冷空调系统现场，与相关人员交流沟通、了解和分析制冷空调设备运行性能、分析判断故障的原因等工作状况，查阅相关技术规范与标准，编制出制冷空调系统检修质量、故障诊断评定报告，突出故障现象、原因分析、故障处理、运行性能的细节、关键点。 任务完成后进行总结分析，形成书面报告，提交相交技术负责人员审核	16

课程目标
学习完本课程后，学生应当能够胜任制冷空调系统安装维修技术管理等工作，并严格执行企业安全生产制度、环保管理制度，具备安全意识、质量意识、职业健康和环境保护意识，养成爱岗敬业、自主学习、沟通协调、团队合作独立分析和解决疑难问题、创新改进等职业素质，包括： （1）能根据技术规范和相关管理制度，及时发现和纠正制冷空调系统安装维修人员违规操作、作业流程错误等问题，消除安全隐患，确保安装维修质量。 （2）能编制制冷空调系统安装与检修的操作规程、作业流程；能按照岗位工作职责的要求，分析、解答制冷空调系统安装维修人员在作业过程中遇到的技术疑难问题。 （3）能针对制冷空调系统安装维修作业过程中普遍存在的问题进行成因分析，对新技术、新材料、新设备、新工艺进行技术分析与评价。 （4）能根据企业项目需要，实施现场检查，编制制冷空调项目的考察、调试、技术报告。 （5）能根据企业项目需要，实施现场检查，编制制冷空调项目的制冷空调系统检修质量、故障诊断评定报告。 （6）能采取有效的方法，分析制冷空调技术管理中存在的问题，提出改进建议，撰写总结报告

续表

<table>
<tr><th colspan="3">学习内容</th></tr>
<tr><td colspan="3">本课程的主要学习内容包括：
（1）企业管理知识。
（2）企业技术文件编制方法。
（3）工作中疑难问题的分析方法。
（4）制冷空调专业发展趋势及其安装维修的新技术、新材料、新设备、新工艺的资料搜集与分析应用。
（5）企业安装、检修设备与材料的维护管理。
（6）各类项目的考察、调试、技术报告编制。
（7）制冷空调系统检修质量、故障诊断评定报告编制。
（8）归纳总结、技术分析与革新、规程制订</td></tr>
<tr><th colspan="3">参考性学习任务</th></tr>
<tr><td>序号</td><td>名称</td><td>学时/h</td></tr>
<tr><td>1</td><td>制冷空调系统安装项目管理</td><td>120</td></tr>
<tr><td>2</td><td>制冷空调系统检修项目管理</td><td>120</td></tr>
<tr><td>3</td><td>企业管理知识</td><td>100</td></tr>
<tr><td>4</td><td>应用文写作知识</td><td>60</td></tr>
<tr><th colspan="3">教学实施建议</th></tr>
<tr><td colspan="3">1. 教学组织方式方法建议
采用行动导向的教学方法。为确保教学安全，提高教学质量，建议采用分组教学的形式（2～4 人/组）；在完成工作任务的过程中，教师须加强示范与指导，注重学生职业素养和规范操作的培养。根据学员状况注意因材施教。
2. 教学资源配备建议
（1）教学场地。教学场地须具备良好的安全、照明和通风条件。可分为学习交流区、管道连接区、制冷空调系统安装维修区、制冷空调设备及配件展示区、工具与材料存放区、压力容器存储区、教学成果发布区等，并配备相应的多媒体教学设备等。
（2）工具、材料、设备。
工具：管理用工具、制冷空调系统安装维修管理用工具等；
材料：制冷空调系统安装维修用材料（铜管、制冷剂、氮气、保温材料等）、管理用材料（记号笔、磁贴、标签纸等）；
设备：多媒体教学设施，网络设备以及依据管理内容需配置的制冷空调系统安装维修用的管理设备等。
（3）教学资料。图纸、产品说明书、制冷剂回收工艺文件、技术手册、工具书、技术规范、技术标准、操作规程、数字化资源等</td></tr>
</table>

续表

教学考核要求
采用过程性考核和终结性考核相结合的方式。 1. 过程性考核 采用自我评价、小组互评和教师评价相结合的方式进行考核；让学生学会自我评价，教师要善于观察学生的学习过程，结合学生的自我评价、小组评价进行总评并提出改进建议。 （1）课堂考核：考核出勤、学习态度、课堂纪律、小组合作与展示等情况。 （2）作业考核：考核工作页的完成情况、课后练习等情况。 （3）阶段考核：纸笔测试、实操测试、口述测试及各个任务的报告撰写质量。 2. 终结性考核 学生根据任务情境中的要求，按照作业规范，在规定时间内完成制冷空调系统安装检修安全规范的编制、制冷空调系统安装检修工艺流程的编制、制冷空调系统技术状况技术评价报告编制、考察、调试、技术报告编制及制冷空调系统检修质量、故障诊断评定报告编制的任务，达到行业规定的质量标准；教师按任务要求进行考核，并提前准备好考核所需的工具、材料、设备和资料等。 考核任务案例：制冷空调系统安装安全规范的编制。 情境描述 某制冷空调企业承接制冷空调系统安装项目，为确保工程项目安全顺利安装施工，根据工程项目图纸、工程文件等资料、依据安装施工作业管理要求，现需要在规定时限编写出该工程的制冷空调系统安装安全规范。 任务要求 根据任务的情境描述，在 90min 内完成： （1）查阅文件资料、相关规范与标准。 （2）编制制冷空调系统安装安全规范的编制。 参考资料：完成上述任务时，可以使用所有的教学资料，如工作页、相关教材、技术手册、工具书、技术规范、技术标准、操作规程等

五、实施建议

（一）培养模式

本专业技能人才培养宜采用校企合作人才培养模式，包括“学校为主、企业为辅、学校、企业并重”和“企业为主、学校为辅”的校企合作人才培养模式。

初级技能阶段的人才培养宜采用“学校为主、企业为辅”的校企合作人才培养模式。学校模拟企业或现场的工作情境，通过制冷空调系统用管道连接、制冷电气系统组装、制冷空调系统维护、制冷空调系统检修等工学结合课程，培养学生技能操作的规范和熟练程度，促进其职业素质、养成习惯、环保意识及职业责任感的建立。

中级技能阶段的人才培养宜采用“学校为主、企业为辅”的校企合作人才培养模式。学校模拟企业或现场的工作情境，通过制冷空调系统用管道连接、制冷空调系统安装、制冷空调系统调试、制冷空调系统维护、制冷空调系统检修等工学结合课程，培养学生技能操作的规范和熟练程度，促进其职业素质、养成习惯、环保意识及职业责任感的建立。

高级技能阶段的人才培养宜采用“学校、企业并重”的校企人才培养模式。学校模拟企业或现场的工作情境，通过制冷空调系统安装，制冷空调系统调试，制冷空调系统维护，制冷空调系统检修，制冷剂的回收与再生等工学结合课程，培养学生独立分析与解决制冷空调系统安装与检修中技术问题的能力，进一步提高其职业素养、环保意识及职业的责任感。

技师（预备技师）阶段的人才培养宜采用“企业为主、学校为辅”的校企合作人才培养模式。在企业生产环境下，学校通过制冷空调系统安装，制冷空调系统检修，制冷空调系统安装维修理论培训与技能指导，制冷空调系统管理等工学结合课程，培养学生分析与解决制冷空调复杂系统的技术问题的能力，培养学生在企业生产环境下的进行技术管理与培训指导等能力，促进其职业认同感的建立。必要时，辅以学校设置的模拟企业或现场的工作环境进行培养。

（二）师资队伍

在师资结构方面，要组建一支与办学规模、培养层级和课程设置相适应的业务精湛、素质优良、专兼结合的教师队伍；初级、中级、高级技能阶段人才培养的师生比不低于1∶20，技师（预备技师）阶段人才培养的师生比不低于1∶15，具有企业实践经验的专兼职教师占专业教师总数的60%以上。

在师资能力方面，要求制冷设备运用与维修专业教师能胜任技能人才培养要求中规定的职业典型工作任务，并将其转化成课程，组织教学和实施相应的考核评价，实现各层级技能人才培养目标。其中，培养初级、中级技能人才的教师应具有制冷空调系统用管道连接、制冷空调系统安装、制冷空调系统调试、制冷空调系统维护、制冷空调系统检修的实践经验；培养高级技能人才的教师应具有制冷空调系统安装、制冷空调系统调试、制冷空调系统维护、制冷空调系统检修、制冷剂的回收与再生的实践经验；培养技师（预备技师）技能人才的教师应具有制冷空调系统安装，制冷空调系统检修，理论培训与技能指导，制冷空调系统管理的实践经验。

（三）场地设备设施

本专业教学场地应满足培养要求中规定的职业典型工作任务实施的环境、设备和设施要求，同时应保证教学场地符合国家制冷空调系统安装维修作业安全、环境保护和职业健康要求，具备良好的安全、照明和通风防火条件。其中，校内教学场地和设备、设施应能支持资料查阅、教师授课、小组研讨、任务实施、成果展示等活动的开展；企业实训基地应具备工作任务实践与技术培训等功能。

校内教学场地和设备、设施应按培养要求规定的职业典型工作任务实施要求进行配置，根据制冷设备运用与维修专业的特点可分别设置学习交流区、管道连接区、制冷空调系统安装检修区、制冷空调设备及配件展示区、工具与材料存放区、压力容器存储区、教学成果发布区等区域。各区域设备、设施配置基本要求如下：

1. 学习交流区

学习交流区应配置多媒体教学设备、网络、课桌、椅子、黑白板、书柜、教学参考书籍和资料、消防设施等。

2. 管道连接区

管道连接区应配置管材切割设备、管道连接设备、供气设备、操作工作台、工具柜及工具、消防设施等。

3. 制冷空调系统安装维修区

制冷空调系统安装维修区应配置制冷空调设备安装与维修工位、管道连接设备、吊装设备、移动设备、供气设备、检修操作台、工具柜及工具、仪器仪表、消防设施等。

4. 制冷空调设备及配件展示区

制冷空调设备及配件展示区应配置制冷系统设备及配件、通风系统及配件、水系统及配件、电气控制系统及元器件、安装维修设备及工具、消防设施等。

5. 工具与材料存放区

工具与材料存放区应配置通风设备（室内时）、消防设备等。

6. 压力容器存储区

压力容器存储区应配置通风设备、防雨设施、消防设施等，该区域应背阴避免高温、阳光直晒。

7. 教学成果发布区

教学成果发布区应配置展示柜（台、架）、消防设备等。

说明：管道连接区与制冷空调系统安装维修区建议按照每个工位 2～4 人学习与工作的配置标准进行设备、设施的配置。

（四）教学资源

本专业教学资源应按制冷设备运用与维修专业人才培养要求中规定的职业典型工作任务实施进行配置，包括实施“制冷空调系统用管道连接”典型工作任务的各类管道连接的教学资源；实施“制冷空调系统安装、制冷空调系统调试”典型工作任务的各种制冷空调系统的教学资源；实施“制冷空调系统维护、制冷空调系统检修”典型工作任务的制冷空调系统主要设备与辅助设备的教学资源；实施“制冷剂的回收与再生”典型工作任务的制冷剂回收设备的教学资源；实施“理论培训与技能指导、制冷空调系统管理”典型工作任务的技术管理与培训类教学资源。

教学资源包括工作页、相关教材、新产品说明书、技术手册、工具书、技术规范、技术标准、操作规程、数字化资源等。

（五）教学管理制度

本专业应设立科学合理的教学管理机构，制订完善的教学管理制度，建立健全有效的教学管理运行机制。对于日常教学管理，应建立有效支持工学结合课程教学组织实施的管理制度，包括运行规则、专业建设与课程开发、师资队伍管理、教学运行管理等方面的制度。对于校内实践教学管理，应建立校内教学场地、大师工作室等管理制度，包括确立工作规范、教师职责、学生行为规范和工具、耗材、设备等管理规定。对于校外实践教学管理，应建立生产性实训基地、企业学习性岗位等管理制度，包括确定生产性实训基地、学习性岗位的设置条件、校企双方各自的合作管理职责等。

有条件的院校可探索建立“学校教育与企业生产相结合”的新型学徒制，与企业签订合作协议，明确学徒培训的期限、形式、内容、考核办法和双方责权利等，形成企业师傅在生产岗位上“传、帮、带”的技能人才培养模式。

六、考核与评价

（一）职业技能鉴定

（1）制冷空调系统安装维修工初级、中级、高级职业资格可采用过程化考核方式进行认证。课程实施前，学校应编写《一体化课程教学与考核方案》，报送当地职业技能鉴定部门备案；实施时，按照教学与考核方案要求，开展过程化考核，职业技能鉴定部门进行技术指导和督查学生学习档案；所有课程结束时，提请职业技能鉴定部门组织相关考评员，依据考核方案进行鉴定，若考核合格，则直接认定相应的职业资格等级，并颁发相应的职业资格证书。

（2）技师职业资格可采用社会化职业技能鉴定方式进行考核认证。制冷空调系统安装维修工取得高级职业资格且任职二年以上，按照当地职业技能鉴定部门相关规定，申报技师资格（国家职业资格二级）。

（二）职业能力测评

运用职业能力测评理论与技术，开发职业能力测评试题，测评各层级技能人才的职业能力水平与职业认同感，从职业效度的角度来分析职业院校的人才培养效果与行业企业用人要求的符合度。

（三）就业质量评价

从毕业生就业率、专业对口就业率、稳定就业率、就业后的待遇水平以及用人单位满意度等方面来衡量各层级技能人才的培养与就业质量。

其中，毕业生就业率主要包括毕业生在离校前已落实就业单位的比例（初次就业率），以及毕业生在毕业当年 12 月底前的就业比例；专业对口就业率指学生所学专业与实际就业所从事的职业及相关岗位群相对应的比例；稳定就业率指毕业生与企业签订一年及以上正式劳动合同所占的比例；就业后待遇水平指毕业生与企业签订正式劳动合同后的实际收入水平；用人单位满意度指用人单位对毕业生在企业工作期间表现进行的综合性评价。

第三章

制冷工国家技能人才培养标准

一、培养目标

（一）总体培养目标

培养面向制冷设备相关企业就业，适应制冷工职业岗位群工作（如操作制冷压缩机、机泵等设备，用制冷剂及载冷剂在生产系统中循环的人员），胜任制冷设备和制冷系统运行的操作与调整、处理故障、维护保养、管理、制冷设备运行现场指导与技能培训等工作任务，具备安全意识、质量意识、职业健康与环境保护意识以及敬业爱岗、自主学习、沟通协调、团结协作，独立分析和解决问题、创新改进等职业素养，达到制冷工相应等级职业资格要求的技能人才。

（二）层级培养目标

1. 初级技能

培养面向制冷设备相关行业企业就业，适应制冷工职业岗位群工作（如操作制冷压缩机、机泵等设备，用制冷剂及载冷剂在生产系统中循环的人员），胜任制冷设备和制冷系统运行的操作与调整（操作准备、开停机运行调节、加注、更换润滑油、排放不凝性气体、除霜）、处理故障（处理制冷压缩机故障、处理辅助设备故障、维护保养（维护保养制冷压缩机、维护保养辅助设备、更换定检装置）等工作任务，具备安全意识、质量意识、职业健康与环境保护意识以及敬业爱岗、自主学习、沟通协调、团结协作等职业素养，达到制冷工初级职业资格（国家职业资格五级）要求的技能人才。

2. 中级技能

培养面向制冷设备相关企业就业，适应制冷工职业岗位群工作（如操作制冷压缩机、机泵等设备，用制冷剂及载冷剂在生产系统中循环的人员），胜任制冷设备和制冷系统运行的操作与调整（巡检操作、运行调整、补充与回收制冷剂）、处理故障（处理制冷压缩机故障、处理辅助设备故障、处理电气系统故障）、维护保养（维护保养制冷压缩机、维护保养辅助设备）等工作任务，具备安全意识、质量意识、职业健康与环境保护意识以及敬业爱岗、自主学习、沟通协调、团结协作等职业素养，达到制冷工中级职业资格（国家职业资格四级）要求的技能人才。

3. 高级技能

培养面向制冷设备相关企业就业，适应制冷工职业岗位群工作（如操作制冷压缩机、机泵等设备，用制冷剂及载冷剂在生产系统中循环的人员），胜任制冷设备和制冷系统运行的操作与调整（运行调整、处理长期停机、气密性试验、操作特种制冷装置、调整载冷剂浓度等）、处理故障（处理制冷压缩机故障、处理辅助设备故障、处理电气系统故障）、维护保养（维护保养制冷压缩机、维护保养辅助设备、编制备品备件需求计划）等工作任务，具备安全意识、质量意识、职业健康与环境保护意识以及敬业爱岗、自主学习、沟通协调、团结协作，独立分析和解决问题等职业素养，达到制冷工高级职业资格（国家职业资格三级）要求的技能人才。

4. 技师（预备技师）

培养面向制冷设备相关企业就业，适应制冷工职业岗位群（如操作制冷压缩机、机泵等设备，用制冷剂及载冷剂在生产系统中循环的人员），胜任制冷设备和制冷系统运行的操作与调整（安装、调整自控装置、试运行制冷系统）、处理故障（处理制冷压缩机故障、处理辅助设备故障）、维护保养（维护保养制冷压缩机、维护保养辅助设备）、管理（制冷系统运行管理、环境保护与管理）、现场指导与技能培训等工作任务，具备安全意识、质量意识、职业健康与环境保护意识以及敬业爱岗、自主学习、沟通协调、团结协作，独立分析和解决问题、创新改进等职业素养，达到制冷工初级职业资格（国家职业资格二级）要求的技能人才。

二、培养要求

制冷设备运用与维修专业技能人才应被培养为“具备从事操作制冷压缩机、机泵等设备，用制冷剂及载冷剂在生产系统中循环等”职业活动能力的技能人才。

制冷设备运用与维修专业技能人才培养要求见表 3－1。

表 3-1　制冷设备运用与维修专业技能人才培养要求

技能人才层级	典型工作任务	职业能力要求
初级技能	操作与调整	（1）能根据运行日志、显示屏判断系统状态 （2）能确认制冷压缩机、系统阀门、辅助设备及配电系统状态是否符合开机要求 （3）能开、停制冷压缩机及辅助设备 （4）能在异常情况下对制冷系统紧急停机 （5）能判断设备运转声音和震动是否正常 （6）能根据系统压力、温度、液位、电流、电压等运行参数判断系统运行是否正常 （7）能按要求操作显示屏、填写运行日志 （8）能通过调节站阀门开启度调节冷藏间、冷冻间或载冷体温度 （9）能根据供液量调节供液阀 （10）能根据需要调节载冷体流量 （11）能调控载冷体容器液位 （12）能选用润滑油 （13）能将润滑油加入压缩机 （14）能通过集油器排出辅助设备内积存的润滑油 （15）能操作空气分离器排放不凝性气体； （16）能操作制冷压缩机排气阀旁通孔排放不凝性气体 （17）能操作冷凝器、贮液器的排气阀排放不凝性气体 （18）能进行手动除霜 （19）能进行水除霜 （20）能进行热气除霜 （21）能进行电加热除霜
	处理故障	（1）能判断、处理制冷压缩机湿压缩故障 （2）能判断、处理曲轴箱/油槽中油起泡沫故障 （3）能处理制冷系统阀门、法兰连接处制冷剂泄漏故障 （4）能切换故障水泵 （5）能切换故障制冷剂泵
	维护保养	（1）能保持机器、设备洁净无油污，机器间、设备间整洁 （2）能给螺栓、阀杆处涂抹润滑油、润滑脂 （3）能清洗水过滤器、进风栅、布水器、循环水池等设施 （4）能更换 V 带 （5）能调节循环水池水位 （6）能清洗冷凝器 （7）能给电动机、水泵、风机等设备的轴承充注润滑油、润滑脂 （8）能更换压力表 （9）能更换温度计 （10）能更换安全阀

续表

技能人才层级	典型工作任务	职业能力要求
中级技能	操作与调整	（1）能用仪表检测设备配电系统的电流、电压、温度 （2）能检测电动机温升状况 （3）能判断系统密封性、润滑情况和结霜/结露情况 （4）能根据冷负荷调配制冷压缩机和冷风机台数 （5）能根据运行需要调定油压 （6）能根据运行需要调整时间继电器、温度控制器、压力及压差控制器 （7）能调整自动化控制制冷装置 （8）能使用仪器、仪表鉴别制冷剂 （9）能对制冷系统补充制冷剂 （10）能使用制冷剂回收装置回收制冷剂 （11）能紧急安全排放制冷剂
	处理故障	（1）能处理制冷压缩机启动和加载异常故障 （2）能处理制冷压缩机联轴器、地脚螺栓等外部异响故障 （3）能处理油压和油温异常故障 （4）能处理制冷剂泵不动作、不供液和压力过低故障 （5）能处理制冷系统脏堵和冰堵故障 （6）能处理电源、电压、电流、接线等故障 （7）能处理短路、断路等故障 （8）能更换接触器等电气元件 （9）能处理除霜加热器、油加热器、冷却水加热器故障
	维护保养	（1）能拆装、更换制冷压缩机吸、排气阀片 （2）能拆装、清洗、更换油过滤器 （3）能拆装、清洗、更换吸气滤网 （4）能对制冷压缩机抽真空 （5）能校正联轴器的同轴度 （6）能拆装、更换油泵 （7）能清洗油冷却器 （8）能清洗冷却水套 （9）能清洗、更换泵/风机轴承、叶轮、扇叶、机械密封等部件 （10）能修补破损的防潮隔汽层和绝热层
高级技能	操作与调整	（1）能设定与调整控制仪表 （2）能使用远程控制系统控制设备运行 （3）能对长期停机的机器设备进行密闭防潮、防冻处理 （4）能进行标识记录

续表

技能人才层级	典型工作任务	职业能力要求
高级技能	操作与调整	（5）能启动长期停机的机器设备 （6）能进行制冷压缩机试车 （7）能进行系统排污 （8）能进行系统压力气密性试验 （9）能进行系统真空密封性试验 （10）能对制冷系统进行泄漏检测 （11）能操作二氧化碳及复叠式低温制冷装置 （12）能操作移动及运输用制冷装置 （13）能配制载冷体 （14）能确定防腐剂添加量
	处理故障	（1）能处理轴封泄漏和温度过高故障 （2）能处理制冷压缩机内部声音异常故障 （3）能处理制冷压缩机润滑油系统异常故障 （4）能处理蒸发器制冷效果不良故障 （5）能处理冷凝器散热不良故障 （6）能处理节流装置故障 （7）能处理容器、管路中制冷剂泄漏故障 （8）能处理温度控制器故障 （9）能处理压力控制器故障 （10）能处理自动控制电路故障
	维护保养	（1）能拆卸、装配制冷压缩机 （2）能检查、调整制冷压缩机零部件间隙 （3）能检查、维修连杆机构 （4）能确定可用、需修、报废的零部件 （5）能用化学法清洗换热器 （6）能维修水泵、制冷剂泵 （7）能确定制冷压缩机及辅助设备零部件的规格型号 （8）能确定易损件的范围及使用周期
技师（预备技师）	操作与调整	（1）能调整、更换传感器 （2）能调试远程控制系统 （3）能制订制冷剂充注方案并确定制冷剂充注量 （4）能制订试运行方案 （5）能进行制冷系统调试

续表

技能人才层级	典型工作任务	职业能力要求
技师（预备技师）	处理故障	（1）能处理制冷压缩机过热故障 （2）能处理电动机过热故障 （3）能处理能量调节装置失灵故障 （4）能处理节流装置故障 （5）能处理排气压力、中间压力、吸气压力异常故障
	维护保养	（1）能判断制冷压缩机是否需要更换 （2）能检查零部件椭圆度、垂直度、水平度、平行度 （3）能检查、维修、更换主轴承、止推轴承、曲轴 （4）能判断辅助设备是否需要更换 （5）能制订辅助设备大修方案
	制冷系统运行管理	（1）能编制制冷系统运行方案 （2）能进行制冷系统安全检查 （3）能编制应急准备和处置方案 （4）能通过原始数据判断制冷设备运行状态 （5）能根据设备台账和设备维修档案进行耗能分析 （6）能提出节能降耗措施 （7）能提出噪音、污水等环境保护措施 （8）能制订制冷剂回收利用方案 （9）能制订润滑油回收利用方案 （10）能制订制冷系统余热利用方案
	培训与指导	（1）能讲授制冷系统运行知识 （2）能讲授安装、试运行与修理知识 （3）能讲授安全生产知识 （4）能讲授节能、环保新技术，HFC 类制冷剂相关知识 （5）能指导初级工、中级工、高级工的技能操作 （6）能编制作业指导书

三、培养模式

本专业技能人才培养宜采用校企合作人才培养模式，包括“学校为主、企业为辅”“学校、企业并重”和“企业为主、学校为辅”的校企合作人才培养模式。

初级技能阶段的人才培养宜采用“学校为主、企业为辅”的校企合作人才培养模式。

学校模拟企业的工作情境，通过制冷设备和制冷系统运行的操作与调整（操作准备、开停机运行调节、加注、更换润滑油、排放不凝性气体、除霜）、处理故障（处理制冷压缩机故障、处理辅助设备故障、维护保养（维护保养制冷压缩机、维护保养辅助设备、更换定检装置）等工学结合课程，培养学生技能操作的规划和熟练度，促进其职业素质的养成及职业责任感的建立。

中级技能阶段的人才培养宜采用"学校为主、企业为辅"的校企合作人才培养模式。学校模拟企业的工作情境，通过制冷设备和制冷系统运行的操作与调整（巡检操作、运行调整、补充与回收制冷剂）、处理故障（处理制冷压缩机故障、处理辅助设备故障、处理电气系统故障）、维护保养（维护保养制冷压缩机、维护保养辅助设备）等工学结合课程，培养学生技能操作的规划和熟练度，促进其职业素质的养成及职业责任感的建立。

高级技能阶段的人才培养宜采用"学校、企业并重"的校企合作人才培养模式。学校模拟企业的工作情境，通过制冷设备和制冷系统运行的操作与调整（运行调整、处理长期停机、气密性试验、操作特种制冷装置、调整载冷剂浓度等）、处理故障（处理制冷压缩机故障、处理辅助设备故障、处理电气系统故障）、维护保养（维护保养制冷压缩机、维护保养辅助设备、编制备品备件需求计划）等工学结合课程，培养学生独立分析与解决单一制冷系统问题的能力，促进其职业素质的养成及职业责任感的建立。

技师阶段的人才培养宜采用"企业为主、学校为辅"的校企合作人才培养模式。在企业生产环境下，学校通过制冷设备和制冷系统运行的操作与调整（安装、调整自控装置、试运行制冷系统）、处理故障（处理制冷压缩机故障、处理辅助设备故障）、维护保养（维护保养制冷压缩机、维护保养辅助设备）、管理（制冷系统运行管理、环境保护与管理）、现场指导与技能培训等工学结合课程，培养学生分析与解决综合性制冷系统问题及在企业生产环境下的组织、协调、管理和技术指导等能力，促进其职业认同感的建立。必要时，辅以学校设置的模拟企业工作情境进行培养。

（一）培养体制

本专业应依照相关法规和政策的要求，在院校校企合作委员会的统筹下，从制冷设备运用与维修专业技能人才培养规律和用人要求出发，整合校企双方资源，汇集企业技术骨干和技能大师，组成专业建设专家库，进而共同开人才培养方案及课程共同组建师资队伍，共同建设校内外实习实训基地，通过校企双方的深度合作，实现制冷工工种技能人才的有效培养。

（二）运行机制

人才培养的运行机制有两种：一种是以学校为主体的校企合作人才培养运行机制，应在招生就业、人才培养、师资队伍和场地设备建设等方面以学校为主，企业为辅；另一种是以企业为主体的新型学徒制。

以学校为主体的校企合作人才培养运行机制为例：

在人才培养方面，学校应与制冷系统使用企业合作，根据技能人才培养层级及培养目标，采用由职业的典型工作任务转化而成的工学结合课程来组织教学，并根据国家职业标准和企业用人要求共同制订评价标准，对学生职业素养和职业能力实施评价。

在师资队伍组建方面，学校教师应与制冷系统使用企业中具有丰富工作经验的技术人员共同组成师资团队，发挥学校教师专业教学能力和企业技术人员专业实践能力的各自优势，共同策划与组织技能人才的培养与评价。

在场地设备方面，学校应与制冷系统使用企业共同规划建设校园文化与企业文化、理论教学与实践教学、学习过程与工作过程为一体的校内学习环境和企业生产实训基地。对于校内学习环境，学校可参照企业管理机制运行；对于企业生产性实训基地，学校应参与辅助管理，明晰校企业双方的责任与权利。

四、培养条件

（一）师资队伍

在师资结构方面，要组建一支与办学规模、培养层级和课程设置相适应的业务精湛、素质优良、专兼结合的教师队伍；中级、高级技能阶段技能人才培养的师生于不低于1∶20，技师（预备技师）阶段人才培养的师生比不低于1∶15，具有企业实践经验的专兼职教师占专业教师总数的60%以上。

在师资能力方面，要求制冷专业教师能胜任技能人才培养要求中规定的职业典型工作任务，并将其转化成课程，组织教学和实施相应的考核评价，实现各层级技能人才培养目标，其中，培养初级技能人才的教师应具有制冷设备和制冷系统运行的操作与调整（操作准备、开停机运行调节、加注、更换润滑油、排放不凝性气体、除霜）、处理故障（处理制冷压缩机故障、处理辅助设备故障、维护保养（维护保养制冷压缩机、维护保养辅助设备、更换定检装置）等实践经验；培养中级技能人才的教师应具有制冷设备和制冷系统运行的操作与调整（巡检操作、运行调整、补充与回收制冷剂）、处理故障（处理制冷压缩机故障、处理辅助设备故障、处理电气系统故障）、维护保养（维护保养制冷压缩机、维护保养辅助设备）的实践经验；培养高级技能人才的教师应制冷设备和制冷系统运行的操作与调整（运行调整、处理长期停机、气密性试验、操作特种制冷装置、调整载冷剂浓度等）、处理故障（处理制冷压缩机故障、处理辅助设备故障、处理电气系统故障）、维护保养（维护保养制冷压缩机、维护保养辅助设备、编制备品备件需求计划）等实践经验；培养技师技能人才的教师应具有制冷设备和制冷系统运行的操作与调整（安装、调整自控装置、试运行制冷系统）、处理故障（处理制冷压缩机故障、处理辅助设备故障）、维护保养（维护保养制冷压缩机、维护保养辅助设备）、管理（制冷系统运行管理、环境保护与管理）、现场指导与技能培训等实践经验。

（二）场地设备设施

本专业教学场地应满足培养要求中规定的职业典型工作任务（表 3–2）实施的环境、设备和设施要求，同时应保证教学场地符合国家制冷工作业劳动安全和职业健康要求，具备良好的安全、照明和通风除尘条件，其中，校内教学场地和设备、设施应能支持资料查阅、教师授课、小组研讨、任务实施、成果展示等活动的开展；企业实训基地应具备工作任务实践与技术培训等功能。

表 3–2　制冷设备运用与维修专业（制冷工）典型工作任务列表

职业发展阶段	典型工作任务	代表性工作任务举例
初级技能	制冷系统运行操作与调整	活塞式氨制冷系统运行操作与调整
		螺杆式氟利昂制冷系统运行操作与调整
		加注、更换润滑油
		排放不凝性气体
		除霜
	制冷系统故障检修	处理制冷压缩机故障
		处理辅助设备故障
	制冷系统维护保养	维护保养制冷压缩机
		维护保养辅助设备
		更换定检装置
中级技能	制冷系统运行操作与调整	活塞式氨制冷系统巡检操作与运行调整
		螺杆式氟利昂制冷系统巡检操作与运行调整
		补充与回收制冷剂
	制冷系统故障检修	制冷压缩机故障检修
		辅助设备故障检修
	电气及控制系统故障检修	电气系统故障检修
	制冷系统维护保养	维护保养制冷压缩机
		维护保养辅助设备

续表

职业发展阶段	典型工作任务	代表性工作任务举例
高级技能	制冷系统运行操作与调整	活塞式氨制冷系统控制系统调整与长期停机
		螺杆式氟利昂制冷系统控制系统调整与长期停机
		气密性试验
		操作特种制冷装置
		调整载冷体浓度
	制冷系统故障检修	制冷压缩机故障检修
		辅助设备故障检修
	电气及控制系统故障检修	电气系统故障检修
		自动控制系统故障检修
		远程监控系统故障检修
	制冷系统维护保养	维护保养制冷压缩机
		维护保养辅助设备
		编制备品备件需求计划
技师（预备技师）	制冷系统运行操作与调整	安装、调整自控装置
		试运行制冷系统
	制冷系统故障检修	处理制冷压缩机故障
		处理辅助设备故障
	制冷系统维护保养	维护保养制冷压缩机
		维护保养辅助设备
	制冷系统运行管理	制冷系统运行方案编制
		制冷系统应急准备和处置方案编制
		制冷系统能耗管理措施编制
		制冷系统环境保护措施编制
	培训与指导	制冷系统运行现场指导
		制冷系统操作技能培训

校内教学场地和设备、设施应按培养要求中规定的职业典型工作任务实施要求进行配置。根据制冷工的特点要分别设置：管道加工实训区、小型制冷装置实训区、压缩机实训区、制冷系统电气控制实训区、气调库实训区、压力容器存储区、教学成果发布区等。各区域设备、设施配置基本要求如下：

1. 管道加工实训区

管道加工实训区应配置常用施工工具设备的认识、使用以及施工操作的实训场地，能够初步掌握管钳工、电焊工、气焊工、钣金工等基本操作技能。

2. 小型制冷装置实训区

小型制冷装置实训区应配置电冰箱、空调器、制冷、制热实验台等设备能开展小型制冷设备的运行调试实训，加强电路故障的判断与排除能力。

3. 压缩机实训区

压缩机实训区应配置能够进行制冷压缩机与设备的拆卸与安装、测量与测绘实训，满足制冷工职业核心技能的培养需要。

4. 制冷系统电气控制实训区

制冷系统电气控制实训区培养对电气控制系统故障判断与维修能力，满足制冷工职业核心技能培养需要。

5. 气调库实训区

气调库实训区为学生提供一个完善的气调库系统，通过对气调库的结构和设备的认识，能对气调库及果蔬气调贮藏技术有一个比较全面的了解，以解决实践中存在的一些问题。

6. 压力容器存储区

压力容器存储区应配置通风设备、防雨设施、消防设施等，该区域应背阴避免高温、阳光直晒。

7. 教学成果发布区

教学成果发布区应配置展示柜（台、架）、消防设备等。

说明：管道加工实训区建议按照每个工位2～4人学习与工作的配置标准进行设备、设施的配置。

（三）教学资源

本专业教学资源应按培养要求中规定的职业典型工作任务实施要求进行配置，包括实施“系统运行的操作与调整”典型工作任务的制冷系统运行的操作与调整、实施“处理故障”典型工作任务制冷系统运行处理故障、实施“维护保养”典型工作任务制冷系统运行的维护保养、实施“管理”典型工作任务的制冷系统运行管理、实施“现场指导与技能培训”的典型工作任务的制冷系统运行管理与培训类教学资源。

教学资源包括工作页、相关教材、技术手册、工具书、技术规范、技术标准、操作规程、数字资源等。

（四）教学管理制度

本专业应设立科学合理的教学管理机构，制订完善的教学管制度，建立有效的教学管理运行机制。对于日常教学管理，应建立有效支持工学结合课程教学组织实施的管理制度，包括学籍管理、专业建设与课程开发、师资队伍管理、教学运行管理等方面的制度。对于校内实践教学管理，应建立校内教学场地、大师工作室等管理制度，包括确立工作规范、教师职责、学生行为规范和工具、耗材、设备等管理规定。对于校外实训实践教学管理，应建立生产性实训基地、企业学习性岗位等管理制度，包括确定生产性实训基地、学习性岗位的设置条件、校企双方各自的合作管理职责等。

有条件的院校可探索建立“学校教育与企业生产相结合”的新型学徒制，与企业签订合作协议，明确学徒培训的期限、形式、内容、考核办法和双方责权利等，形成企业师傅在生产岗位上“传、帮、带”的技能人才培养模式。

五、培养质量

（一）职业技能鉴定

制冷设备运用与维修专业初级技能阶段性应按照国家职业技能鉴定要求取得制冷工五级职业资格证书；中级技能阶段应按照国家职业技能鉴定要求取得制冷工四级职业资格证书；高级技能阶段应按照国家职业技能鉴定要求取得制冷工三级职业资格证书；技师技能阶段应按照国家职业技能鉴定要求取得制冷工二级职业资格证书。

（二）职业能力测评

运用职业能力测评理论与技术，开发职业能力测评试题，测评各层级技能人才的职业能力水平与职业认同感，从职业效度的角度分析职业院校的人才培养效果与行业企业用人要求的符合度。

（三）就业质量评价

从毕业生就业率、专业对口就业率、稳定就业率、就业后的待遇水平以及用人单位满意度等方面来衡量各层技能人才的培养与就业质量。其中，毕业生就业率主要包括毕业生在离校前已落实就业单位的比例（初次就业率），以及毕业生在毕业当年12月底前的就业比例；专业对口就业率指学生所学专业与实际就业所从事的职业及相关岗位群相对应的比例；稳定就业率毕业生与企业签订一年及以上正式劳动合同所占的比例；就业后的待遇水平指毕业生与企业签订正式劳动合同后的实际收入水平；用人单位满意度指用人单位对毕业生企业工作期间表现进行的综合性评价。

第四章

制冷工专业一体化课程规范

一、专业基本信息

（一）专业名称

制冷设备运用与维修。

（二）专业编码

制冷设备运用与维修专业：0121。
制冷设备运用与维修专业初级技能：制冷工（6–11–01–04）–5。
制冷设备运用与维修专业中级技能：制冷工（6–11–01–04）–4。
制冷设备运用与维修专业高级技能：制冷工（6–11–01–04）–3。
制冷设备运用与维修专业技师（预备技师）技能：制冷工（6–11–01–04）–2。

（三）学制年限

制冷设备运用与维修专业初级技能：初中起点三年。
制冷设备运用与维修专业中级技能：初中起点三年。
制冷设备运用与维修专业高级技能：高中起点三年、初中起点五年。
制冷设备运用与维修专业技师（预备技师）技能：高中起点四年。

（四）就业方向

制冷设备运用与维修专业初级技能：面向制冷设备相关企业就业，适应制冷工职业岗位（如操作制冷压缩机、机泵人员等）工作，胜任制冷设备和制冷系统运行的操作与调整、处理故障等工作任务。

制冷设备运用与维修专业中级技能：面向制冷设备相关企业就业，适应制冷工职业岗位（如操作制冷压缩机、机泵人员等）工作，胜任制冷设备和制冷系统运行的操作与调整、处理故障、维护保养等工作任务。

制冷设备运用与维修专业高级技能：面向制冷设备相关企业就业，适应制冷工职业岗位（如操作制冷压缩机、机泵等设备，用制冷剂及载冷剂在生产系统中循环的人员）工作，胜任制冷设备和制冷系统运行的操作与调整（运行调整、处理长期停机、气密性试验、操作特种制冷装置、调整载冷剂浓度等）、处理故障（处理制冷压缩机故障、处理辅助设备故障、处理电气系统故障）、维护保养（维护保养制冷压缩机、维护保养辅助设备、编制备品备件需求计划）等工作任务。

制冷设备运用与维修专业技师（预备技师）技能：面向制冷设备相关企业就业，适应制冷工职业岗位（如操作制冷压缩机、机泵等设备，用制冷剂及载冷剂在生产系统中循环的人员）工作，胜任制冷设备和制冷系统运行的操作与调整（安装、调整自控装置、试运行制冷系统）、处理故障（处理制冷压缩机故障、处理辅助设备故障）、维护保养（维护保养制冷压缩机、维护保养辅助设备）、管理（制冷系统运行管理、环境保护与管理）、现场指导与技能培训等工作任务。

（五）职业资格

制冷工中级职业资格（国家职业资格五级）。

制冷工中级职业资格（国家职业资格四级）。

制冷工高级职业资格（国家职业资格三级）。

制冷工技师职业资格（国家职业资格二级）。

二、人才培养目标

（一）总体培养目标

培养面向制冷设备相关企业就业，适应制冷工职业岗位（如操作制冷压缩机、机泵等设备，用制冷剂及载冷剂在生产系统中循环的人员）工作，胜任制冷设备和制冷系统运行的操作与调整、处理故障、维护保养、管理、制冷设备运行现场指导与技能培训等工作任务，具备安全意识、质量意识、职业健康与环境保护意识以及敬业爱岗、自主学习、沟通协调、团结协作，独立分析和解决问题、创新改进等职业素养，达到制冷工相应等级职业资格要求的技能人才。

（二）初级技能

培养面向制冷设备相关企业就业，适应制冷工职业岗位（如操作制冷压缩机、机泵等设备，用制冷剂及载冷剂在生产系统中循环的人员）工作，胜任制冷设备和制冷系统运行的操作与调整（操作准备、开停机运行调节、加注或更换润滑油、排放不凝性气体、除霜）、处理故障（处理制冷压缩机故障、处理辅助设备故障、维护保养（维护保养制冷压缩机、维护保养辅助设备、更换定检装置）等工作任务，具备安全意识、质量意识、职业健康与环境保护意识以及敬业爱岗、自主学习、沟通协调、团结协作等职业素养，达到制冷工初级职业资格（国家职业资格五级）要求的技能人才。

（三）中级技能

培养面向制冷设备相关企业就业，适应制冷工职业岗位（如操作制冷压缩机、机泵等设备，用制冷剂及载冷剂在生产系统中循环的人员）工作，胜任制冷设备和制冷系统运行的操作与调整（巡检操作、运行调整、补充与回收制冷剂）、处理故障（处理制冷压缩机故障、处理辅助设备故障、处理电气系统故障）、维护保养（维护保养制冷压缩机、维护保养辅助设备）等工作任务，具备安全意识、质量意识、职业健康与环境保护意识以及敬业爱岗、自主学习、沟通协调、团结协作等职业素养，达到制冷工中级职业资格（国家职业资格四级）要求的技能人才。

（四）高级技能

培养面向制冷设备相关企业就业，适应制冷工职业岗位（如操作制冷压缩机、机泵等设备，用制冷剂及载冷剂在生产系统中循环的人员）工作，胜任制冷设备和制冷系统运行的操作与调整（运行调整、处理长期停机、气密性试验、操作特种制冷装置、调整载冷剂浓度等）、处理故障（处理制冷压缩机故障、处理辅助设备故障、处理电气系统故障）、维护保养（维护保养制冷压缩机、维护保养辅助设备、编制备品备件需求计划）等工作任务，具备安全意识、质量意识、职业健康与环境保护意识以及敬业爱岗、自主学习、沟通协调、团结协作，独立分析和解决问题等职业素养，达到制冷工高级职业资格（国家职业资格三级）要求的技能人才。

（五）技师（预备技师）

培养面向制冷设备相关企业就业，适应制冷工职业岗位（如操作制冷压缩机、机泵等设备，用制冷剂及载冷剂在生产系统中循环的人员）工作，胜任制冷设备和制冷系统运行的操作与调整（安装、调整自控装置、试运行制冷系统）、处理故障（处理制冷压缩机故障、处理辅助设备故障）、维护保养（维护保养制冷压缩机、维护保养辅助设备）、管理（制冷系统运行管理、环境保护与管理）、现场指导与技能培训等工作任务，具备安全意识、质量意识、职业健康与环境保护意识以及敬业爱岗、自主学习、沟通协调、团结协作，独立分析和解决问题、创新改进等职业素养，达到制冷工初级职业资格（国家职业资格二级）要求的技能人才。

三、课程安排

制冷设备运用与维修专业的课程包括公共文化课程、一体化课程、拓展课程和企业实践课程。使用单位应根据部颁德育等公共课课程标准开设公共文化课程，根据自身情况设置拓展课程和企业实践课程。本课程安排表只列出一体化课程，且课程表中的学时分配为最低设置要求，使用单位可根据自身的教学安排确定具体学时分配。

表 4–1　初级工技能层级一体课程表（初中起点三年）

序号	课程名称	基准学时/h	学时分配/h					
			第 1 学期	第 2 学期	第 3 学期	第 4 学期	第 5 学期	第 6 学期
1	制冷系统运行操作与调整	350	150	100	100	—	—	—
2	制冷系统故障检修	180	—	—	—	—	—	—
3	制冷系统维护保养	150	70	80	—	—	—	—
总学时		680	220	260	200	—	—	—

表 4–2　中级工技能层级一体课程表（初中起点三年）

序号	课程名称	基准学时/h	学时分配/h					
			第 1 学期	第 2 学期	第 3 学期	第 4 学期	第 5 学期	第 6 学期
1	制冷系统运行操作与调整	350	150	100	100	—	—	—
2	制冷系统故障检修	200	—	100	100	—	—	—
3	制冷电气系统故障检修	100	—	—	—	—	—	—
4	制冷系统维护保养	250	70	100	80	—	—	—
总学时		900	220	300	380	—	—	—

表 4-3　高级工技能层级一体课程表（高中起点三年）

序号	课程名称	基准学时/h	学时分配/h					
			第 1 学期	第 2 学期	第 3 学期	第 4 学期	第 5 学期	第 6 学期
1	制冷系统运行操作与调整	640	240	100	100	200	—	—
2	制冷系统故障检修	380	—	150	130	100	—	—
3	制冷电气系统故障检修	300	—	100	100	100	—	—
4	制冷系统维护保养	300	100	100	100	—	—	—
总学时		1 620	340	450	430	400	—	—

表 4-4　高级工技能层级一体课程表（初中起点五年）

序号	课程名称	基准学时/h	学时分配/h									
			第 1 学期	第 2 学期	第 3 学期	第 4 学期	第 5 学期	第 6 学期	第 7 学期	第 8 学期	第 9 学期	第 10 学期
1	制冷系统运行操作与调整	640	140	100	100	100	100	100	—	—	—	—
2	制冷系统故障检修	380	—	80	100	—	100	—	100	—	—	—
3	制冷电气系统故障检修	300	—	—	—	—	—	100	100	100	—	—
4	制冷系统维护保养	300	70	80	50	100	—	—	—	—	—	—
总学时		1 620	210	260	250	200	200	200	200	100	—	—

表 4-5　技师（预备技师）技能层级一体课程表（高中起点四年）

序号	课程名称	基准学时/h	学时分配/h							
			第 1 学期	第 2 学期	第 3 学期	第 4 学期	第 5 学期	第 6 学期	第 7 学期	第 8 学期
1	制冷系统运行操作与调整	740	240	200	200	100	—	—	—	—

续表

序号	课程名称	基准学时/h	学时分配/h							
			第1学期	第2学期	第3学期	第4学期	第5学期	第6学期	第7学期	第8学期
2	制冷系统故障检修	400	—	100	100	100	100	—	—	—
3	制冷电气系统故障检修	300	—	100	100	100	—	—	—	—
4	制冷系统维护保养	350	150	100	100	—	—	—	—	—
5	制冷系统运行管理	300	—	—	—	—	200	100	—	—
6	培训与指导	200	—	—	—	—	—	200	—	—
总学时		2 290	390	500	500	300	300	300	—	—

四、一体化课程标准

表4-6　制冷系统运行操作与调整课程标准

一体化课程名称	制冷系统运行操作与调整	基准学时/h	740
典型工作任务描述			
制冷系统运行操作与调整是操作人员借助各类材料、设备、工具对制冷系统中的制冷剂系统、水系统、电气控制系统进行安装后的系统调试、运行操作以及运行参数的调整，使制冷系统达到设计的技术要求，满足冷冻冷藏物品的控制功能与性能要求。操作人员应持有相应特种作业操作证。工作过程如下： 制冷工从班组长处接受制冷系统操作与调整任务，领取设计图纸、系统技术文件、技术要求和材料；准备操作与调整用设备、气体、仪器及工具等；检查确认设备、仪器工具、现场和周围环境符合安全要求；与相关人员沟通交流、分析制冷系统操作与调整次序与操作流程的特点、难点及质量控制关键点，采取相应的控制措施；检查每个环节的性能，确认符合要求；进行操作与调整前准备，实施制冷剂系统、水系统、电气控制系统的操作与调整作业；任务完成后进行现场清理、系统调整后进行系统性能分析、给出测试结果；符合任务要求后填写相关操作与调整记录，交付班组长进行工序流转。 在工作过程中，树立严谨的工作态度，严格按工艺文件和工作流程开展工作，注意团结协作、沟通交流和劳动保护，养成良好的职业素养；在作业过程中，严格遵守和执行岗位操作规程，安全、质量、环境及职业健康等管理制度			

续表

工作内容分析		
工作对象 （1）工作任务的领取与分析； （2）设计图纸、产品说明书和调试文件的识读； （3）技术交底内容的理解和掌握； （4）质量控制措施的确定； （5）各系统性能的检验； （6）操作与调整前准备，操作现场、水、电、气和周围环境的检查确认； （7）制冷剂系统及设备（含整机、部件、阀件、管路等）的操作与调整； （8）水系统及设备（水泵、冷却塔、水箱、阀门、管道等）的操作与调整； （9）电气控制系统（含强电与弱电等）的操作与调整； （10）制冷系统性能分析； （11）任务报告的交付和现场整理	**工具、材料、设备与资料** （1）工具：钢丝钳、活络扳手、测试工具（水平仪、千分表、温湿度测试仪表、流量仪表、压力测量仪器、流量与流速测量）、夹具、万用表、绝缘表等； （2）材料：油料（润滑油、润滑脂）、清洗剂、制冷剂、保温材料、包扎带、胶水等； （3）设备：计算机及软件等； （4）资料：图纸、产品说明书、安装施工工艺文件、技术手册、工具书、技术规范、技术标准、操作规程等。 **工作方法** （1）现场察看与清理； （2）仪表仪器的配备与使用方法； （3）制冷系统运行的方法； （4）制冷系统操作与调整流程或方案的制订； （5）操作与调整所需要的材料准备及仪器原固定； （6）各系统参数测试与调整的方法； （7）制冷剂系统操作与调整方法； （8）水系统操作与调整方法； （9）电气控制系统操作与调整方法； （10）制冷系统性能测试分析及完成任务报告。 **劳动组织方式** （1）从班组长处接受工作任务，从技术人员处接受制冷系统操作与调整的交底； （2）团结协作完成制冷系统操作与调整的作业； （3）自检合格后将任务报告交付班组长	**工作要求** （1）明确操作与调整内容、制冷系统规模与设备数量、完成时间等； （2）了解制冷系统操作与调整相关的信息，明确制冷系统操作与调整技术要求和性能标准，确认制冷系统操作与调整方案； （3）接受技术交底，明确方法、操作顺序、性能分析方法和报告内容及特殊要求等； （4）针对操作与调整分析关键点和特殊要求，明确相应的控制措施； （5）按照制冷系统性能分析报告检查制冷系统性能质量，确认制冷系统运行状况； （6）制冷系统操作与调整材料、设备、工具准备齐全，安全防护、作业环境等达到要求； （7）操作与调整过程中严格执行制冷系统技术方案要求，针对性措施落实到位； （8）根据制冷系统操作与调整方案要求，制冷系统运行参数测试操作正确，测试工具完好、仪器精度符合要求，数据分析与处理合理； （9）按照制冷系统调试调整结果检验标准进行自检，根据需要进行重新调试调整，准确填写任务记录； （10）按照工作流程及时交付任务报告，按照测试设备、工具维护保养要求进行必要的清理、维护、保养，工作过程中注重职业素养的培养，树立严谨的工作态度，认真执行管理规定

续表

代表性工作任务		
任务名称	任务描述	工作时间/h
操作准备	根据制冷公司接到的制冷系统运行操作任务，要求操作人员为安装好的制冷系统进行操作前的准备，使设备能正常工作运行，工时为12h。 操作人员从班组长处接受制冷系统运行操作准备任务，领取内六角扳手、电子温度计、钳形电流表、绝缘手套等工具材料；检查确认设备、工具、作业场地和周围环境符合安全要求；检查制冷系统安装质量，确认符合要求；进行开机前准备；针对制冷系统电气控制电路的原理特点及现场的情况，分析确定操作前的准备工作内容，采取相应措施，实施系统开机操作前的准备作业，使系统满足运行要求；检验合格后填写自检记录，交付班组长进行工序流转	12
开、停机	根据制冷公司接到的制冷系统开、停机操作任务，要求操作人员为制冷系统进行开、停机操作，需要材料为绝缘手套、万用表、绝缘鞋、电子温度计、记录表等，工时为12h。 操作人员从班组长处接受制冷系统开、停机操作任务，领取绝缘手套、万用表、绝缘鞋、电子温度计、记录表等；检查确认设备、工具、作业场地和周围环境符合安全要求；检查制冷系统外观及功能，确认符合要求；进行开、停机准备；针对制冷系统的原理特点及电气控制要求，分析确定开、停机步骤，采取相应措施，实施制冷系统开、停机作业；操作完成后填写自检记录，交付班组长进行工序流转	12
巡检	根据制冷公司接到的制冷系统巡检任务，要求操作人员为制冷系统进行巡视检查，需要材料为绝缘手套、万用表、绝缘鞋、电子温度计、风速仪、内六角扳手、扳手、记录表等，工时为24h。 操作人员从班组长处接受制冷系统巡检任务，领取绝缘手套、万用表、绝缘鞋、电子温度计、风速仪、内六角扳手、扳手、记录表等；检查确认设备、工具、作业场地和周围环境符合安全要求；对制冷系统外观、控制电路及控制功能进行检查，确认符合要求；进行巡检作业；针对制冷系统的特点及使用要求，分析确定巡检要点，采取相应措施，实施制冷系统巡检作业；操作完成后填写自检记录，交付班组长进行工序流转	24
制冷系统性能参数测定与调整	根据制冷公司接到的制冷系统性能参数测定与调整任务，需要六角扳手、钳形电流表、电子温度计、修理表阀、风速仪、旋具、肥皂水、制冷剂等工具与材料，要求操作人员为用户调整该制冷系统，实现制冷系统最佳功能，工时为32h。 操作人员从班组长处接受制冷系统测定调整任务，领取六角扳手、钳形电流表、电子温度计、修理表阀、风速仪、旋具、肥皂水等工具与材料；准备制	32

续表

任务名称	任务描述	工作时间/h
制冷系统性能参数测定与调整	冷剂和工具等；检查确认工具、作业场地和周围环境符合安全要求；检查调试工具仪器质量，确认符合要求；进行测定调整前准备；针对制冷系统测定调整特点及安装现场的情况，分析测试与调整的难点及质量控制关键点，采取相应措施，实施制冷系统的温度、压力、电流等性能参数的测定调整，交付验收；检验合格后填写测定调整记录，交付班组长进行工序流转	32
电气控制电路的参数测定与调整	根据制冷公司接到的电气控制电路的参数测定与调整任务，需要六角扳手、电子温度计、万用表、绝缘表等工具与材料，要求操作人员为安装好的制冷系统电气控制电路进行性能调整，并使其正常运行，工时为24h。 操作人员从班组长处接受制冷系统电气控制电路调试任务，领取六角扳手、钳形电流表、电子温度计、旋具、电线、材料；检查确认设备、工具、作业场地和周围环境符合安全要求；检查制冷系统安装质量，确认符合要求；进行调试前准备；针对制冷系统电气控制电路参数（如电流、电压参数）的调整工艺特点及安装现场的情况，分析调试难点及质量控制关键点，采取相应措施，实施电气控制电路的参数测定与调整作业，使控制电流、电压等参数满足运行要求、通电自检，缺陷返修，交付验收；检验合格后填写自检记录，交付班组长进行工序流转	24
制冷系统性能调试	根据制冷公司接到的制冷系统性能调试任务，需要材料为钢管，直径为50mm，长度为10m以上，六角扳手、电子温度计、风速仪、万用表、绝缘表等工具与材料电线若干，要求操作人员为安装好的制冷系统性能调试，并能正常工作运行，工时为32h。 操作人员从班组长处接受制冷系统性能调试任务，领取六角扳手、钳形电流表、电子温度计、旋具、肥皂水、电线、材料；检查确认设备、工具、作业场地和周围环境符合安全要求；检查制冷机组与安装基础质量，确认符合要求；进行调试前准备；针对制冷机组调试的工艺特点及安装现场的情况，分析调试难点及质量控制关键点，采取相应措施，实施制冷系统性能调试作业，制冷剂调整、通电运行及运行参数（温度、压力）调整；调试自检，缺陷返修，交付验收；检验合格后填写自检记录，交付班组长进行工序流转	32
小型冷库制冷系统性能调试	根据制冷公司接到的小型冷库制冷系统调试任务，小型冷库制冷系统为10kW的活塞式压缩冷凝机组、冷风机与冷却水塔，电气控制系统、需要材料为钢管，直径为10～160mm，长度为10m以上，活塞式压缩冷凝机组安装基础一个，管道保温材料、电线及包扎材料若干，要求操作人员为安装好小型冷库制冷系统进行性能调试，并能正常工作运行，工时为32h。 操作人员从班组长处接受小型冷库制冷系统性能调试任务，制作好安装基础及冷库建筑、领取六角扳手、钳形电流表、电子温度计、旋具、肥皂水、电线、材料；检查确认设备、工具、作业场地和周围环境符合安全要求；检查	32

续表

任务名称	任务描述	工作时间/h
小型冷库制冷系统性能调试	小型冷库制冷系统安装质量，确认符合要求；进行调试前准备；针对小型冷库制冷系统性能调试的工艺特点及安装现场的情况，分析调试难点及质量控制关键点，采取相应措施，实施小型冷库制冷系统性能调试作业，制冷剂调整、通电运行及运行参数（温度、压力）调整；调试自检，缺陷返修，交付验收；检验合格后填写自检记录，交付班组长进行工序流转	32
调试制冷系统电气控制系统	根据制冷公司接到调试制冷系统电气控制系统任务，需要工具与材料为万用表、安装维修工具、管道保温材料、电线及包扎材料若干，要求操作人员为安装好的制冷系统进行电气控制系统调试，并能正常工作运行，工时为32h。 操作人员从班组长处接受调试制冷系统电气控制系统任务，领取万用表、安装维修工具与材料；准备设备和工具等；检查确认设备、工具、作业场地和周围环境符合安全要求；检查制冷系统安装质量，确认符合要求；进行调试前准备；针对制冷系统电气控制系统调试的工艺特点及安装现场的情况，分析调试难点及质量控制关键点，采取相应措施，实施制冷系统电气控制系统调试作业，调试要求：对制冷额定工作电流、制热额定工作电流、最大运行电流的调整、通电自检，缺陷返修，交付验收；检验合格后填写自检记录，交付班组长进行工序流转	32
调试制冷空调系统通信系统	根据制冷公司接到调试制冷系统通信系统任务，需要工具材料为万用表、安装维修工具管道保温材料、电线及包扎材料若干，要求操作人员为安装好的制冷系统进行通信系统调试，并能正常工作运行，工时为32h。 操作人员从班组长处接受调试制冷系统通信系统任务，领取万用表、安装维修工具与材料；准备设备和工具等；检查确认设备、工具、作业场地和周围环境符合安全要求；检查制冷系统安装质量，确认符合要求；进行调试前准备；针对制冷系统通信系统调试的工艺特点及安装现场的情况，分析调试难点及质量控制关键点，采取相应措施，实施制冷系统通信系统调试作业，通信要求：主机发送信号，从机接收；从机发送信号，主机接收、通电自检，缺陷返修，交付验收；检验合格后填写自检记录，交付班组长进行工序流转	32
气密性试验	根据制冷公司接到制冷系统气密性试验任务，由操作人员使用高压氮气来判断制冷系统的气密性，并决定是否需要返修。需要工具材料为高压氮气瓶、防割手套、复合压力表、肥皂水等工具，要求操作人员为安装后的制冷系统进行气密性试验，并能保压成功，工时为32h。 操作人员从班组长处接受制冷系统气密性试验任务，领取高压氮气瓶、防割手套、复合压力表、肥皂水等相关工具；准备设备和工具等；检查确认设备、工具、作业场地和周围环境符合安全要求；检查空调制冷系统安装质量，确认符合要求；进行试验前准备；针对制冷系统压力试验的工艺特点及安装现场的情况，分析试验的难点及质量控制关键点，采取相应措施，实施制冷系统运行气密性试验，要求：系统各处压力表数值无下降；检验合格后填写自检记录，交付班组长进行工序流转	32

续表

任务名称	任务描述	工作时间/h
排放不凝性气体	根据制冷公司接到制冷系统操作任务，由操作人员根据冷凝压力的高低来判断制冷系统内部是含有较多不凝性气体，并决定是否排放。需要工具材料为万用表、扳手等工具，要求操作人员根据制冷系统情况进排放不凝性气体，工时为32h。 操作人员从班组长处接受制冷系统排放不凝性气体任务，领取万用表、扳手等相关工具；准备设备和工具等；检查确认设备、工具、作业场地和周围环境符合安全要求；检查制冷系统运行情况，确认符合要求；针对制冷系统不凝性气体排放的工艺特点及现场的情况，分析工作难点及质量控制关键点，采取相应措施，实施制冷空调系统不凝性气体排放，要求：各设置运行压力变化正常；检验合格后填写自检记录，交付班组长进行工序流转	32
加注、更换润滑油	根据制冷公司接到的制冷系统冷冻机油的更换操作任务，需要材料为冷冻油、清洗剂、氮气若干，工具为钢丝钳、活络扳手、真空泵等，要求操作人员为用户制冷系统冷冻机油的更换操作，并能正常工作运行，工时为32h。 操作人员从班组长处接受制冷系统冷冻机油的更换操作任务，制订制冷系统冻机油的更换操作流程；准备设备、冷冻油和真空泵等工具与材料；检查确认设备、工具、作业场地和周围环境符合安全要求；检查压缩机的状态，确认符合要求；进行制冷系统冷冻机油的更换操作前准备；针对制冷系统冷冻机油的更换操作的工艺特点及安装现场的情况，分析制冷系统冷冻机油的更换操作难点及质量控制关键点，采取相应措施，实施制冷系统冷冻机油的更换操作作业，调整压缩机工作状态；检修自检，交付验收；检验合格后填写检修记录，交付班组长进行工序流转	32
制冷剂充注	根据制冷公司接到的制冷系统制冷剂充注任务，需要维护工具与材料有钢丝钳、活络扳手、测量工具、万用表、绝缘表等，制冷剂、润滑脂、清洗剂，要求操作人员根据用户要求对制冷系统进行制冷剂充注操作，并能正常工作运行，工时为32h。 操作人员从班组长处接受制冷剂充注任务，领取制冷剂、氮气、洗洁精、真空泵等工具与材料；准备设备和工具等；检查确认设备、工具、作业场地和周围环境符合安全要求；检测制冷系统真空度、确认符合要求；进行制冷剂充注前准备；针对制冷系统制冷剂充注操作的工艺特点及现场的情况，分析制冷剂充注操作难点及充注量控制关键点，采取相应措施，实施制冷系统制冷剂充注操作；充注量确认自检，充注量不当进行调整；检验合格后填写充注操作记录，交付班组长进行工序流转	32
处理长期停机	根据制冷公司接到的制冷系统长期停机的处理任务，需要材料为冷冻油、氮气若干，工具为钢丝钳、活络扳手、内六角扳手等，要求操作人员为用户长期停机的制冷系统进行处理操作，使系统保持良好状态，工时为32h	32

续表

任务名称	任务描述	工作时间/h
处理长期停机	操作人员从班组长处接受制冷系统长期停机处理任务，制订制冷系统长期停机的维护操作流程；准备设备、冷冻油等工具与材料；检查确认设备、工具、作业场地和周围环境符合安全要求；检查液位、油位等状态，确认符合要求；进行制冷系统长期停机处理前准备；针对制冷系统长期停机维护的工艺要求及设备现场的情况，分析制冷系统长期停机维护的难点及质量控制关键点，采取相应措施，实施制冷系统长期停机维护操作作业，调整制冷系统状态；检修自检，交付验收；检验合格后填写检修记录，交付班组长进行工序流转	32
除霜	根据制冷公司接到的制冷系统除霜操作任务，需要工具材料为铲刀、螺丝刀、钢丝钳、内六角扳手、活络扳手、扫把等，要求操作人员为制冷系统进行除霜操作，使系统保持良好工作状态，工时为32h。 操作人员从班组长处接受冷库制冷系统除霜操作任务，制订冷库除霜操作流程；准备设备、扳手等工具与材料；检查确认设备、工具、作业场地和周围环境符合安全要求；检查、调整冷库的工作状态，确认符合除霜操作要求；进行冷库除霜前准备；针对冷库除霜的工艺要求及设备现场的情况，分析冷库除霜操作的难点及质量控制关键点，采取相应措施，实施冷库除霜作业；检修自检，交付验收；检验合格后填写检修记录，交付班组长进行工序流转	32

课程目标

学习完本课程后，学生应当能够胜任制冷系统操作与调试等工作，并严格执行企业安全生产制度、环保管理制度，具备安全意识、质量意识、职业健康和环境保护意识，养成爱岗敬业、自主学习、沟通协调、团队合作等职业素质，包括：

（1）能读懂制冷系统设计图纸和工艺文件，明确工作任务、技术要求和质量标准。

（2）能通过技术交底和有效沟通明确制冷系统操作与调整方法、制冷系统操作与调整流程、技术要求和性能标准。

（3）能通过制冷操作与调整工艺文件，确认设备质量符合要求、预防措施到位。

（4）能根据制冷系统操作与调整工艺文件完成相关准备工作，并确认作业场地和周围环境达到劳动安全和职业健康要求。

（5）能按要求使用设备和工具，严格执行制冷系统运行操作方案，完成制冷系统日常开停机操作、长期开停机操作、巡检操作以及制冷系统运行调整工作。

（6）能按要求使用设备和工具，严格执行制冷系统运行操作方案，完成加注或更换润滑油、排放不凝性气体、除霜、补充与回收制冷剂等特定工作。

（7）能按要求使用设备和工具，严格执行制冷系统运行调试方案，完成制冷系统各调试；调试过程中能采取有效措施预防和减少制冷系统运行缺陷、机组不平稳等现象。

（8）能按要求进行制冷系统运行与调整的清理、自检；能填写任务记录及报告。

（9）能与相关人员进行有效沟通，获取解决问题的方法和措施，解决工作过程中的常见问题

续表

<table>
<tr><th colspan="3">学习内容</th></tr>
<tr><td colspan="3">本课程的主要学习内容包括：
（1）制冷系统相关知识。制冷系统安装中需要的相关知识有热工基础、流体力学与泵及风机、制冷原理、空气调节基础、制冷技术、通风与净化技术、电气控制技术、各类制冷机组分类、规格、应用等，各类制冷系统的特点、标准、规范；制冷系统操作与调整中常见问题及解决方法。
（2）制冷系统工程图的识读知识。
（3）制冷系统参数测量与调整知识。制冷系统调试中温度、压力、电流、功率等参数调整中常见问题及解决方法。
（4）运行与调整用设备和辅助设备工作原理、使用及维护。
（5）制冷系统运行与调整作业安全及环境防护。制冷系统运行与调整设备及工具的安全操作规程；作业场地和周围环境的安全要求；劳动安全和健康相关规定</td></tr>
<tr><th colspan="3">参考性学习任务</th></tr>
<tr><td>序号</td><td>名称</td><td>学时/h</td></tr>
<tr><td>1</td><td>制冷系统开停机操作</td><td>100</td></tr>
<tr><td>2</td><td>制冷系统参数测定与运行调整</td><td>140</td></tr>
<tr><td>3</td><td>加注、更换润滑油</td><td>50</td></tr>
<tr><td>4</td><td>排放不凝性气体</td><td>50</td></tr>
<tr><td>5</td><td>补充与回收制冷剂</td><td>100</td></tr>
<tr><td>6</td><td>制冷系统运行调试</td><td>200</td></tr>
<tr><td>7</td><td>小型冷库制冷系统调试</td><td>60</td></tr>
<tr><td>8</td><td>制冷电气控制系统调试</td><td>40</td></tr>
<tr><th colspan="3">教学实施建议</th></tr>
<tr><td colspan="3">1. 教学组织方式方法建议
采用行动导向的教学方法。为确保教学安全，提高教学质量，建议采用分组教学的形式（2～4 人/组），在完成工作任务的过程中，教师须加强示范与指导，注重学生职业素养和规范操作的培养。根据制冷系统运行与调整工艺文件要求整体机组及压缩机、风机、水泵、换热器等设备参数调整，各类管道及阀门不能泄漏、运行参数符合设计要求。
制冷系统运行与调整时重点学习制冷剂系统、水系统与电气控制的压缩机、风机、水泵调整技术，系统运行与调整注意事项、所用设备与工具的操作使用及操作技能。
2. 教学资源配备建议
（1）教学场地。教学场地须具备良好的安全、照明和通风条件。可分为学习交流区、管道连接区、</td></tr>
</table>

续表

教学实施建议
制冷系统安装维修区、制冷设备及配件展示区、工具与材料存放区、压力容器存储区、教学成果发布区等，并配备相应的多媒体教学设备等。 （2）工具、材料、设备。 工具：钢丝钳、活络扳手、割管器、胀管器、测量工具（倾斜式微压计、毕托管、风速仪、通风干湿球温度计）、夹具、万用表、绝缘表等； 材料：铜管、焊接材料（焊条）、油料（润滑油、润滑脂）、清洗剂、制冷剂、保温材料、包扎带、胶水、氧气、乙炔等； 设备：登高作业设备。 （3）教学资料。图纸、产品说明书、安装施工工艺文件、技术手册、工具书、技术规范、技术标准、操作规程、数字化资源等
教学考核要求
采用过程性考核和终结性考核相结合的方式。 1. 过程性考核 采用自我评价、小组互评和教师评价相结合的方式进行考核；让学生学会自我评价，教师要善于观察学生的学习过程，结合学生的自我评价、小组评价进行总评并提出改进建议。 （1）课堂考核：考核出勤、学习态度、课堂纪律、小组合作与展示等情况。 （2）作业考核：考核工作页的完成情况、课后练习等情况。 （3）阶段考核：纸笔测试、实操测试、口述测试。 2. 终结性考核 学生根据任务情境中的要求，按照作业规范，在规定时间内完成制冷系统运行与调整任务，达到系统规定的性能标准；教师按任务要求进行考核，并提前准备好考核所需的工具、材料、设备和资料等。 考核任务案例：制冷系统性能参数测定与调整（高级工）。 情境描述 某用户需要对安装好双温冷库进行性能参数测定与调整，充注 R22 制冷剂，现安排在规定的时限内完成此任务。 任务要求 根据任务的情境描述，在 90min 内完成： （1）写出双温冷库的标注含义、双温冷库的结构尺寸和安装前的准备工作。 （2）写出测定与调整双温冷库所需要的材料、设备、工具等。 （3）写出测定与调整双温冷库时性能控制的关键点和相应控制措施。 （4）完成测定与调整双温冷库的性能。 参考资料：完成上述任务时，可以使用所有的教学资料，如工作页、相关教材、技术手册、工具书、技术规范、技术标准、操作规程、双温冷库说明书等

表 4–7　制冷系统故障检修课程标准

<table>
<tr><td>一体化课程名称</td><td>制冷系统故障检修</td><td>基准学时/h</td><td>400</td></tr>
<tr><td colspan="4">典型工作任务描述</td></tr>
<tr><td colspan="4">制冷系统故障检修是操作人员借助于各类材料、设备、工具对制冷系统中的制冷剂系统、水系统、电气控制系统进行故障分析与处理，使制冷系统恢复实现对物品或空间的调温、调湿、通风、洁净的功能及节能运行，以满足冷库的冷冻冷藏的技术要求。制冷系统故障检修涉及水、电、气等多种工种协调配合。操作人员应持有相应特种作业操作证。工作过程如下：
制冷工从班组长处接受制冷系统检修任务，领取工程图纸、检修工艺文件、技术要求和材料；准备检修用设备、气体、工具等；检查确认设备、工具、检修现场和周围环境符合安全要求；分析制冷系统运行参数、性能的特点、难点及质量控制关键点，采取相应的控制措施；察看各系统出现的异常现象，分析各类现象产生的原因，提出检修方案；进行检修前准备，实施制冷系统的故障检修作业；检修完成后进行现场清理、系统检修进行自检、缺陷返修；待制冷系统运行符合要求后；交付检验，检验合格后填写自检记录，交付班组长进行工序流转。
在工作过程中，树立严谨的工作态度，严格按工艺文件和工作流程开展工作，注意团结协作、沟通交流和劳动保护，养成良好的职业素养；在作业过程中，严格遵守和执行岗位操作规程，安全、质量、环境及职业健康等管理制度</td></tr>
<tr><td colspan="4">工作内容分析</td></tr>
<tr><td>工作对象
（1）工作任务的领取与分析；
（2）制冷系统工程图纸、产品说明书和检修文件的识读；
（3）技术交底内容的理解和掌握；
（4）质量控制措施的确定；
（5）各类常见故障分析与处理的方法及质量的检验；
（6）检修前准备，操作现场、水、电、气和周围环境的检查确认；
（7）制冷剂系统及设备（含整机、部件、阀件、管路等）的检修；
（8）水系统及设备（水</td><td colspan="2">工具、材料、设备与资料
（1）工具：钢丝钳、活络扳手、测量工具（水平仪、温湿度测量仪器、压力传感器、精密压力表、风速仪）、万用表、绝缘表等；
（2）材料：油料（润滑油、润滑脂）、清洗剂、制冷剂、保温材料、包扎带、胶水等；
（3）设备：吊装设备（钢丝绳、轧头、卡环、链式起重机等）、移动设备；
（4）资料：图纸、产品说明书、安装施工工艺文件、技术手册、工具书、技术规范、技术标准、操作规程等。
工作方法
（1）检修现场察看与清理；
（2）检修设备配备及使用方法；
（3）制冷设备检修工具的使用方法；
（4）制冷系统故障诊断分析与检修流程的制订；
（5）检修所需要的材料准备；</td><td>工作要求
（1）明确工作内容、制冷系统故障现象、检修规模与设备数量、完成时间等；
（2）了解制冷系统故障相关的信息，明确制冷系统检修技术要求和质量标准，确认制冷系统检修方案；
（3）接受技术交底，明确制冷各系统检修方法、操作顺序、质量检查方法和验收标准及特殊要求等；
（4）针对质量控制关键点和特殊要求，明确相应的控制措施；
（5）按照制冷系统检修工艺文件要求检查制冷系统检修质量，确认符合设计条件；
（6）制冷系统检修材料、设备、工具准备齐全，安全防护、作业环境等达到要求；
（7）检修过程中严格执行制冷系统检修工艺文件要求，针对性措施落实</td></tr>
</table>

续表

<table>
<tr><th colspan="3">工作内容分析</th></tr>
<tr><td>泵、冷却塔、水箱、阀门、管道等）的检修；
（9）电气控制系统（含强电与弱电等）的检修；
（10）制冷系统检修质量的自检和缺陷的返修；
（11）检修后工程的交付和现场整理</td><td>（6）各系统检修质量的检验方法；
（7）制冷剂系统检修要求与方法；
（8）库房强制送风系统检修要求与方法；
（9）水系统检修要求与方法；
（10）电气控制系统检修要求与方法；
（11）制冷系统检修护质量检验标准。
劳动组织方式
（1）从班组长处接受工作任务，从技术人员处接受制冷系统检修的交底；
（2）团结协作完成制冷系统检修的作业；
（3）自检合格后将检修工程交付班组长</td><td>到位；
（8）根据制冷系统故障现象与检修方案要求，通过检修使制冷剂系统、水系统、电气控制系统满足使用要求、重点要对易损坏的零部件及材料进行更换及修理；
（9）按照制冷系统检修质量检验标准进行自检，根据需要进行缺陷返修，准确填写自检记录；
（10）按照检修工作流程及时交付工程，按照设备、工具维护保养要求进行必要的清理、维护、保养，工作过程中注重职业素养的培养，树立严谨的工作态度，认真执行管理规定</td></tr>
</table>

<table>
<tr><th colspan="3">代表性工作任务</th></tr>
<tr><th>任务名称</th><th>任务描述</th><th>工作时间/h</th></tr>
<tr><td>处理制冷压缩机湿压缩故障</td><td>根据制冷公司接到的制冷压缩机湿压缩故障维修任务，故障维修的工具与材料有钢丝钳、活络扳手、真空泵、测量工具、万用表、绝缘表等，制冷剂、氮气、润滑脂、清洗剂、包扎材料若干，要求操作人员根据用户要求进行故障分析和处理，并保证正常工作运行，工时为12h。
操作人员从班组长处接受制冷压缩机湿压缩故障维修任务，领取维修工具与材料；准备相关材料和工具等；检查确认设备、工具、作业场地和周围环境符合安全要求；检测压缩机的工作状态、确认符合维修要求；进行制冷压缩机湿压缩故障维修前准备；针对制冷压缩机湿压缩故障产生因素及现场的情况，分析制冷压缩机湿压缩故障产生的原因及维修的难点及质量控制关键点，确定故障处理方案；根据相关方案，实施制冷压缩机湿压缩故障处理；故障消除并试运行制冷压缩机后自检，缺陷返修，交付验收；检验合格后填写维修记录，交付班组长进行工序流转</td><td>12</td></tr>
<tr><td>处理能量调节装置失灵故障</td><td>根据制冷公司接到的制冷压缩机能量调节装置失灵故障维修任务，故障维修的工具与材料有钢丝钳、活络扳手、真空泵、测量工具、万用表、绝缘表等，制冷剂、氮气、润滑脂、清洗剂、包扎材料若干，要求操作人员根据用户要求进行故障分析和处理，并保证正常工作运行，工时为20h</td><td>20</td></tr>
</table>

续表

任务名称	任务描述	工作时间/h
处理能量调节装置失灵故障	操作人员从班组长处接受制冷压缩机能量调节装置失灵故障维修任务，领取维修工具与材料；准备相关材料和工具等；检查确认设备、工具、作业场地和周围环境符合安全要求；检测压缩机的工作状态、确认符合维修要求；进行制冷压缩机能量调节装置失灵故障维修前准备；针对制冷压缩机能量调节装置失灵故障产生因素及现场的情况，分析制冷压缩机能量调节装置失灵故障产生的原因及维修的难点及质量控制关键点，确定故障处理方案；根据相关方案，实施制冷压缩机能量调节装置失灵故障处理；故障消除并试运行制冷压缩机后自检，缺陷返修，交付验收；检验合格后填写维修记录，交付班组长进行工序流转	20
处理制冷压缩机润滑油系统异常故障	根据制冷公司接到的制冷压缩机润滑油系统异常（如油温异常、油压异常、耗油量过多等）故障维修任务，故障维修的工具与材料有钢丝钳、活络扳手、真空泵、测量工具、万用表、绝缘表等，制冷剂、氮气、润滑脂、清洗剂、包扎材料若干，要求操作人员根据用户要求进行故障分析和处理，并保证正常工作运行，工时为32h。 操作人员从班组长处接受制冷压缩机润滑油系统异常故障维修任务，领取维修工具与材料；准备相关材料和工具等；检查确认设备、工具、作业场地和周围环境符合安全要求；检测压缩机的工作状态、确认符合维修要求；进行制冷压缩机润滑油系统异常故障维修前准备；针对制冷压缩机润滑油系统异常故障产生因素及现场的情况，分析制冷压缩机润滑油系统异常故障产生的原因及维修的难点及质量控制关键点，确定故障处理方案；根据相关方案，实施制冷压缩机润滑油系统异常故障处理；故障消除并试运行制冷压缩机后自检，缺陷返修，交付验收；检验合格后填写维修记录，交付班组长进行工序流转	32
处理制冷压缩机电机异常故障	根据制冷公司接到的制冷压缩机电动机异常（如电动机过热、电动机转速异常等）故障维修任务，故障维修的工具与材料有钢丝钳、活络扳手、真空泵、测量工具、万用表、绝缘表等，制冷剂、氮气、润滑脂、清洗剂、包扎材料若干，要求操作人员根据用户要求进行故障分析和处理，并保证正常工作运行，工时为24h。 操作人员从班组长处接受制冷压缩机电机异常故障维修任务，领取维修工具与材料；准备相关材料和工具等；检查确认设备、工具、作业场地和周围环境符合安全要求；检测压缩机的工作状态、确认符合维修要求；进行制冷压缩机电动机异常故障维修前准备；针对制冷压缩机电机异常故障产生因素及现场的情况，分析制冷压缩机电动机异常故障产生的原因及维修的难点及质量控制关键点，确定故障处理方案；根据相关方案，实施制冷压缩机电动机异常故障处理；故障消除并试运行制冷压缩机后自检，缺陷返修，交付验收；检验合格后填写维修记录，交付班组长进行工序流转	24

续表

任务名称	任务描述	工作时间/h
处理制冷压缩机运行异常故障	根据制冷公司接到的制冷压缩机运行异常（如压缩机启动加载异常、运行杂音、轴封故障、压缩机过热等）故障维修任务，故障维修的工具与材料有钢丝钳、活络扳手、真空泵、测量工具、万用表、绝缘表等，制冷剂、氮气、润滑脂、清洗剂、包扎材料若干，要求操作人员根据用户要求进行故障分析和处理，并保证正常工作运行，工时为32h。 操作人员从班组长处接受制冷压缩机运行异常故障维修任务，领取维修工具与材料；准备相关材料和工具等；检查确认设备、工具、作业场地和周围环境符合安全要求；检测压缩机的工作状态、确认符合维修要求；进行制冷压缩机运行异常故障维修前准备；针对制冷压缩机运行异常故障产生因素及现场的情况，分析制冷压缩机运行异常故障产生的原因及维修的难点及质量控制关键点，确定故障处理方案；根据相关方案，实施制冷压缩机运行异常故障处理；故障消除并试运行制冷压缩机后自检，缺陷返修，交付验收；检验合格后填写维修记录，交付班组长进行工序流转	32
处理节流装置异常故障	根据制冷公司接到的节流装置异常故障维修任务，故障维修的工具与材料有钢丝钳、活络扳手、真空泵、测量工具、万用表、绝缘表等，制冷剂、氮气、润滑脂、清洗剂、包扎材料若干，要求操作人员根据用户要求进行故障分析和处理，并保证正常工作运行，工时为12h。 操作人员从班组长处接受节流装置异常故障维修任务，领取维修工具与材料；准备相关材料和工具等；检查确认设备、工具、作业场地和周围环境符合安全要求；检测制冷系统的工作状态、确认符合维修要求；进行节流装置异常故障维修前准备；针对节流装置异常故障产生因素及现场的情况，分析节流装置异常故障产生的原因及维修的难点及质量控制关键点，确定故障处理方案；根据相关方案，实施节流装置异常故障处理；故障消除并试运行制冷系统后自检，缺陷返修，交付验收；检验合格后填写维修记录，交付班组长进行工序流转	12
处理制冷系统设备故障	根据制冷公司接到的制冷系统设备（容器内液面异常、容器制冷剂泄漏、制冷剂泵故障、制冷系统冰堵等）故障维修任务，故障维修的工具与材料有钢丝钳、活络扳手、真空泵、测量工具、万用表、绝缘表等，制冷剂、氮气、润滑脂、清洗剂、包扎材料若干，要求操作人员根据用户要求进行故障分析和处理，并保证正常工作运行，工时为40h。 操作人员从班组长处接受制冷系统设备故障维修任务，领取维修工具与材料；准备相关材料和工具等；检查确认设备、工具、作业场地和周围环境符合安全要求；检测制冷系统的工作状态、确认符合维修要求；进行制冷系统设备故障维修前准备；针对制冷系统设备故障产生	40

续表

任务名称	任务描述	工作时间/h
处理制冷系统设备故障	因素及现场的情况，分析制冷系统设备产生的原因及维修的难点及质量控制关键点，确定故障处理方案；根据相关方案，实施制冷系统设备故障处理；故障消除并试运行制冷系统后自检，缺陷返修，交付验收；检验合格后填写维修记录，交付班组长进行工序流转	40
处理冷却水系统故障	根据制冷公司接到的冷却水系统故障维修任务，故障维修的工具与材料有钢丝钳、活络扳手、真空泵、测量工具、万用表、绝缘表等，制冷剂、氮气、润滑脂、清洗剂、包扎材料若干，要求操作人员根据用户要求进行故障分析和处理，并保证正常工作运行，工时为12h。 操作人员从班组长处接受冷却水系统故障维修任务，领取维修工具与材料；准备相关材料和工具等；检查确认设备、工具、作业场地和周围环境符合安全要求；检测冷却水系统的工作状态、确认符合维修要求；进行冷却水系统故障维修前准备；针对冷却水系统故障产生因素及现场的情况，分析冷却水系统故障产生的原因及维修的难点及质量控制关键点，确定故障处理方案；根据相关方案，实施冷却水系统故障处理；故障消除并试运行冷却水系统后自检，缺陷返修，交付验收；检验合格后填写维修记录，交付班组长进行工序流转	12
处理制冷系统运行异常故障	根据制冷公司接到的制冷系统运行异常（温度异常、压力异常、冷间降温困难等）故障维修任务，故障维修的工具与材料有钢丝钳、活络扳手、真空泵、测量工具、万用表、绝缘表等，制冷剂、氮气、润滑脂、清洗剂、包扎材料若干，要求操作人员根据用户要求进行故障分析和处理，并保证正常工作运行，工时为64h。 操作人员从班组长处接受制冷系统运行异常故障维修任务，领取维修工具与材料；准备相关材料和工具等；检查确认设备、工具、作业场地和周围环境符合安全要求；检测制冷系统的工作状态、确认符合维修要求；进行制冷系统运行异常故障维修前准备；针对制冷系统运行异常故障产生因素及现场的情况，分析制冷系统运行异常故障产生的原因及维修的难点及质量控制关键点，确定故障处理方案；根据相关方案，实施制冷系统运行异常故障处理；故障消除并试运行制冷系统后自检，缺陷返修，交付验收；检验合格后填写维修记录，交付班组长进行工序流转	64
课程目标		
学习完本课程后，学生应当能够胜任制冷系统故障分析与维修等工作，并严格执行企业安全生产制度、环保管理制度，具备安全意识、质量意识、职业健康和环境保护意识，养成爱岗敬业、自主学习、沟通协调、团队合作等职业素质。职业素质如下：		

续表

课程目标		
（1）处理制冷压缩机湿压缩故障； （2）处理能量调节装置失灵故障； （3）处理制冷压缩机润滑油系统异常故障； （4）处理制冷压缩机电动机异常故障； （5）处理制冷压缩机运行异常故障； （6）处理节流装置异常故障； （7）处理制冷系统设备故障； （8）处理冷却水系统故障； （9）处理制冷系统运行异常故障； （10）能按要求进行制冷系统检修处的清理、自检、制冷系统检修缺陷的返修；能依据返修通知单及返修工艺文件进行制冷系统检修缺陷返修；能填写自检记录表； （11）能与相关人员进行有效沟通，获取解决问题的方法和措施，解决工作过程中的常见问题； （12）能对设备和工具等进行日常维护和保养		
学习内容		
本课程的主要学习内容如下： （1）检修设备与工具使用知识。 （2）制冷系统故障分析与维修知识。制冷系统检修中各类系统的布置原则，制冷系统维修中常见问题及解决方法。 （3）维修用设备和辅助设备工作原理、使用及维护；管道加工与焊接常用工具的使用与维护。 （4）制冷系统维修工艺及操作技能。制冷系统故障分析方法、制冷剂系统、水系统、电气控制等故障维修的流程、技术要求等。 （5）制冷系统维修质量检验相关知识。 （6）制冷系统维修作业安全及环境防护。制冷系统维修设备及工具的安全操作规程；作业场地和周围环境的安全要求；维修操作劳动安全和健康相关规定		
参考性学习任务		
序号	名称	学时/h
1	处理制冷压缩机湿压缩故障	20
2	处理冷却水系统故障	20
3	处理制冷系统设备故障	30
4	处理能量调节装置失灵故障	30
5	处理制冷压缩机润滑油系统异常故障	40
6	处理节流装置异常故障	30

续表

序号	名称	学时/h
7	处理制冷压缩机电动机异常故障	30
8	处理制冷压缩机运行异常故障	100
9	处理制冷系统运行异常故障	100

教学实施建议

1. 教学组织方式方法建议

采用行动导向的教学方法。为确保教学安全，提高教学质量，建议采用分组教学的形式（2～4 人/组）；在完成工作任务的过程中，教师须加强示范与指导，注重学生职业素养和规范操作的培养。根据制冷系统维修工艺文件要求制冷系统及压缩机、风机、水泵、换热器等设备维修合理后，各类管道及阀门检修后不能泄漏、管道布置符合设计要求、保温材料与管道要密贴不能有缝隙；制冷系统维修时重点学习制冷剂系统、水系统与电气控制的压缩机、风机、水泵故障分析方法及其处理、维修技术要求、维修注意事项、维修所用设备与工具的操作使用及维修要求与操作技能。

2. 教学资源配备建议

（1）教学场地。教学场地须具备良好的安全、照明和通风条件。可分为学习交流区、管道连接区、制冷系统安装维修区、制冷设备及配件展示区、工具与材料存放区、压力容器存储区、教学成果发布区等，并配备相应的多媒体教学设备等。

（2）工具、材料、设备。

工具：钢丝钳、活络扳手、割管器、胀管器、测量工具（框式水平仪、千分表、平尺、钢卷尺、直角尺）、夹具、万用表、绝缘表等；

材料：铜管、焊接材料（焊条）、油料（润滑油、润滑脂）、清洗剂、制冷剂、保温材料、包扎带、胶水、氧气、乙炔等；

设备：吊装设备（钢丝绳、轧头、卡环、链式起重机等）、移动设备焊接设备（焊枪、氧气瓶、乙炔瓶）。

（3）教学资料。图纸、产品说明书、检修施工工艺文件、技术手册、工具书、技术规范、技术标准、操作规程、数字化资源等

教学考核要求

采用过程性考核和终结性考核相结合的方式。

1. 过程性考核

采用自我评价、小组互评和教师评价相结合的方式进行考核；让学生学会自我评价，教师要善于观察学生的学习过程，结合学生的自我评价、小组评价进行总评并提出改进建议。

（1）课堂考核：考核出勤、学习态度、课堂纪律、小组合作与展示等情况。

（2）作业考核：考核工作页的完成情况、课后练习等情况。

（3）阶段考核：纸笔测试、实操测试、口述测试。

2. 终结性考核

学生根据任务情境中的要求，按照作业规范，在规定时间内完成制冷系统检修任务，达到行业规定

续表

教学考核要求
的质量标准；教师按任务要求进行考核，并提前准备好考核所需的工具、材料、设备和资料等。 考核任务案例：处理轴封温度过高故障（高级工）。 情境描述 某用户制冷压缩机在运转过程中发现轴封温度过高，为不影响正常的生产，要求在规定的时限内排除该故障。 任务要求 根据任务的情境描述，在 90min 内完成： （1）描述轴封的基本结构和工作原理。 （2）描述轴封温度过高产生的原因。 （3）描述故障处理所需要的材料、设备、工具等。 （4）描述故障处理流程及质量控制的关键点和相应控制措施。 （5）完成故障处理记录，清理现场。 参考资料：完成上述任务时，可以使用所有的教学资料，如工作页、相关教材、技术手册、工具书、技术规范、技术标准、操作规程、压缩机说明书等

表 4–8　制冷电气控制系统检修与维护课程标准

一体化课程名称	制冷电气控制系统检修与维护	基准学时/h	300
典型工作任务描述			
制冷电气控制系统检修与维护是操作人员借助于各类材料、设备、工具对制冷系统的电气设备、自动控制设备、变频器及 PLC 等进行检修或常见故障分析与处理，确保制冷系统实现对物品或空间的调温、调湿、通风、洁净等功能的有效控制及节能运行，以满足冷库的冷冻冷藏的技术要求。制冷系统用 PLC 变频控制设备安装或检修涉及电子与电气等多种工种协调配合。操作人员应持有相应特种作业操作证。工作过程如下： 制冷检修人员从班组长处接受制冷系统用的 PLC 变频控制设备安装或检修任务，领取工程图纸、安装或检修工艺文件、技术要求和材料；准备安装或检修用设备、气体、工具等；检查确认设备、工具、安装或检修现场和周围环境符合安全要求；检测与分析 PLC 变频控制系统运行参数、性能的特点、难点及质量控制关键点，采取相应的控制措施；察看控制系统运行中出现的异常现象，分析故障现象产生的原因，提出检修方案；进行安装或检修前准备，实施 PLC 变频控制设备的安装或故障检修作业；安装或检修完成后进行现场清理、系统检修进行自检、缺陷返修；待控制系统运行符合要求后；交付检验，检验合格后填写自检记录，交付班组长进行工序流转。 在工作过程中，树立严谨的工作态度，严格按工艺文件和工作流程开展工作，注意团结协作、沟通交流和劳动保护，养成良好的职业素养；在作业过程中，严格遵守和执行岗位操作规程，安全、质量、环境及职业健康等管理制度			

续表

<table>
<tr><th colspan="3">工作内容分析</th></tr>
<tr><td>工作对象
（1）工作任务的领取与分析；
（2）制冷电气系统工程图纸、变频器和 PLC 说明书及程序的识读；
（3）现场勘察，与制冷空调系统操作人员的沟通，任务目标与工作要求的明确；
（4）项目任务书的解读、检修计划的制订；
（5）检修前的准备，包括工量具、仪器仪表和材料准备；
（6）安全防护措施的设置，变频器与 PLC 控制电路故障分析与处理、设备的自检；
（7）检修后工程的交付和现场整理</td><td>工具、材料、设备与资料
（1）工具：电工常用工具（1 套）、仪表（钳形电流表、兆欧表、转速表）等；
（2）材料：各种规格导线、冷压端子、号码笔、扎带、热缩管、控制器件、保护器件、劳保用品、安全警示设施等；
（3）设备：变频器、可编程控制器等电路控制设备；
（4）资料：图纸、产品说明书、施工工艺文件、检修档案、电工手册、工具书、技术规范、技术标准、电气安全操作规程等。
工作方法
（1）检修现场察看与清理；
（2）检修设备配备及使用方法；
（3）产品说明书及资料查阅方法；
（4）相关信息与程序的检索方法；
（5）变频器与 PLC 控制电路常见故障分析与处理方法（测量法、排除法、替换法）；
（6）制冷电气控制系统检修护质量检验标准。
劳动组织方式
（1）从班组长处接受工作任务，从技术人员处接受变频器与 PLC 控制电路检修的交底；
（2）团结协作完成变频器与 PLC 控制电路检修的作业；
（3）自检合格后将检修项目交付班组长</td><td>工作要求
（1）能阅读检修任务书，明确任务的工时、质量、安全等要求；
（2）能获取、查阅设备出厂资料和检修档案，识读电气控制原理图和 PLC 控制程序，熟悉制冷系统控制功能与性能指标；
（3）能完成现场勘察，与制冷系统操作人员进行沟通，了解故障现象，明确检修任务和工作要求；
（4）能根据 PLC 变频控制的检修规范编制完整的检修方案；
（5）能根据检修方案准备元器件清单、耗材清单及工具清单；
（6）能设置安全防护措施，自主学习和应用 PLC 变频控制系统中新设备、新技术，综合分析故障情况，进行故障诊断和排除，对恢复正常的制冷电气控制系统通电试运行，自检设备、根据需要进行缺陷返修，准确填写自检记录；
（7）按照检修工作流程及时交付工程，按照设备、工具维护保养要求进行必要的清理、维护、保养，工作过程中注重职业素养的培养，树立严谨的工作态度，认真执行管理规定</td></tr>
<tr><th colspan="3">代表性工作任务</th></tr>
<tr><th>任务名称</th><th>任务描述</th><th>工作时间/h</th></tr>
<tr><td>制冷电气系统故障检修与维护保养</td><td>根据制冷公司接到的制冷电气系统故障检修与维护保养（如电源、电缆、电气元件等故障，短路断路故障、各加热器故障，以及电气系统维护保养等）任务，需要安装与工具与材料有钢丝钳、活络扳手、电</td><td>20</td></tr>
</table>

续表

任务名称	任务描述	工作时间/h
制冷电气系统故障检修与维护保养	工与电气常用工具、万用表、绝缘表、铜塑线、软线、坚固件、号码管、号码笔、通信电缆、电线及包扎材料若干，要求操作人员根据用户要求进行制冷电气系统故障检修与维护保养，并能测试使其正常工作运行，工时为20h。 操作人员从班组长处接受制冷电气系统故障检修与维护保养任务，通过阅读工程设计图纸，与设备操作人员沟通，了解制冷系统运行功能要求，明确安装方案，领取相关电气设备、材料；准备电工工具等；检查确认设备、工具、作业场地和周围环境符合安全要求；检查电气配件的规格与型号，确认检修内容；进行检修或保养前准备；针对制冷电气系统故障检修与维护保养工艺特点及现场的情况，分析难点及质量控制关键点，采取相应措施，实施制冷电气系统故障检修与维护保养；作业自检；检验合格后填写安装操作记录，交付班组长进行工序流转	20
检修制冷自动控制系统	根据制冷公司接到的制冷自动控制系统检修任务，需要维护工具与材料有钢丝钳、活络扳手、测量工具、万用表、绝缘表等，电线及包扎材料若干，要求操作人员根据用户要求进行制冷自动控制系统检修，并能正常工作运行，工时为20h。 操作人员从班组长处接受检修制冷自动控制系统任务，通过阅读工程设计图纸与设备说明书，与设备操作人员沟通，了解制冷系统运行功能要求，确定检修方案，领取电线等工具与材料；准备设备和工具等；检查确认设备、工具、作业场地和周围环境符合安全要求；对制冷自动控制系统进行检测、确认电气控制系统存在的问题；对存在的问题进行分析处理，实施制冷自动控制系统检修操作；检修后自检，发现问题进行调整；检验合格后填写检修操作记录，交付班组长进行工序流转	20
检修PLC变频控制系统设备	根据制冷公司接到的制冷系统检修任务，需要维护工具与材料有钢丝钳、活络扳手、测量工具、万用表、绝缘表等，电线及包扎材料若干，要求操作人员根据用户要求检修好制冷系统，并能正常工作运行，工时为32h。 操作人员从班组长处接受检修PLC变频控制系统任务，通过阅读工程设计图纸与设备说明书，与设备操作人员沟通，了解制冷系统运行功能要求，确定检修方案，领取电线等工具与材料；准备设备和工具等；检查确认设备、工具、作业场地和周围环境符合安全要求；对变频器与可编程控制器设备进行检测、确认电气控制系统存在的问题；对存在的问题进行分析处理，实施PLC变频控制系统检修操作；检修后自检，发现问题进行调整；检验合格后填写检修操作记录，交付班组长进行工序流转	32

续表

任务名称	任务描述	工作时间/h
处理 PLC 变频控制系统故障	根据制冷公司接到的制冷系统检修任务，发现是 PLC 变频控制系统的故障问题，需要检修工具与材料有钢丝钳、活络扳手、测量工具（各类数据检测）、万用表、绝缘表等，电线及包扎材料若干，要求操作人员根据用户要求分析、诊断和处理 PLC 变频控制系统故障，并能使其正常工作运行，工时为 32h。 操作人员从班组长处接受分析诊断和处理 PLC 变频控制故障任务，通过阅读任务单，与设备操作人员沟通，了解故障现象，初步分析、诊断故障范围，根据单领取各类电器数据检测工具与设备；准备设备和工具等；检查确认设备、工具、作业场地和周围环境符合安全要求；检测制冷系统运行状态、确认符合要求；进行检修前准备；针对分析诊断和处理变频器与可编程控制电路故障的工艺要求及现场的情况，分析检修难点及质量控制关键点，采取相应措施，实施制冷系统中分析诊断和处理 PLC 变频控制故障；检修后自检，缺陷返修，交付验收；检验合格后填写检修记录，交付班组长进行工序流转	32
课程目标		
学习完本课程后，学生应当能够胜任制冷电气控制系统故障检修和维护保养等工作，并严格执行企业安全生产制度、环保管理制度，具备安全意识、质量意识、职业健康和环境保护意识，养成爱岗敬业、自主学习、沟通协调、团队合作等职业素质。职业素质如下： （1）能读懂制冷电气控制系统设计与施工图纸和工艺文件，明确工作任务、技术要求和质量标准。 （2）能通过技术交底和有效沟通明确制冷电气控制系统检修流程、满足用户技术要求和质量标准。 （3）能通过 PLC 变频控制系统故障分析与检修工艺文件确认设备质量符合要求、预防措施到位。 （4）能根据 PLC 变频控制系统故障分析与检修工艺文件完成检修前准备工作，并确认作业场地和周围环境达到劳动安全和职业健康要求。 （5）能按要求使用设和工具，严格执行制冷系统检修工艺文件，完成各 PLC 变频控制系统故障分析与检修；检修过程中能采取有效措施预防和减少 PLC 变频控制系统故障分析与检修产生的缺陷、要求制冷系统检修后性能满足用户要求、避免检修产生的不良等现象。 （6）能按要求进行 PLC 变频控制系统设备的清理、自检；能依据返修通知单及返修工艺文件进行 PLC 变频控制系统检修缺陷返修；能填写自检记录表。 （7）能与相关人员进行有效沟通，获取解决问题的方法和措施，解决工作过程中的常见问题。 （8）能对设备和工具等进行日常维护和保养		
学习内容		
本课程的主要学习内容如下： （1）可编程序控制器及其应用知识。 （2）变频器应用技术知识。		

续表

学习内容		
(3) 电气检修设备与工具使用知识。 (4) 可编程控制器与变频器故障分析与检修知识。制冷系统用可编程控制器与变频器安装中各类系统的布置安装原则，制冷系统可编程控制器与变频器应用中常见问题及解决方法。 (5) 制冷系统可编程控制器与变频器检修工艺及操作技能。制冷系统用可编程控制器与变频器故障分析方法、故障检修的流程、技术要求等。 (6) 制冷系统用可编程序控制器与变频器检修质量检验相关知识。 (7) 制冷系统用可编程控制器与变频器检修作业安全及环境防护。制冷系统用可编程控制器与变频器检修设备及工具的安全操作规程；作业场地和周围环境的安全要求；检修操作劳动安全和健康相关规定		
参考性学习任务		
序号	名称	学时/h
1	制冷电气系统故障检修与维护保养	50
2	自动控制检修与保养	50
3	可编程序控制器及其应用	50
4	变频器应用技术	50
5	可编程序控制器与变频器故障分析与检修	100
教学实施建议		
1. 教学组织方式方法建议 采用行动导向的教学方法。为确保教学安全，提高教学质量，建议采用分组教学的形式（2～4人/组）；在完成工作任务的过程中，教师须加强示范与指导，注重学生职业素养和规范操作的培养。根据制冷系统可编程序控制器与变频器故障分析与检修工艺文件，要求制冷系统用可编程序控制器与变频器故障分析与检修合理检修，可编程序控制器与变频器安装与线路布置符合设计要求、接线不能错误；制冷系统可编程序控制器与变频器故障分析与检修时重点学习电工与电子、自动控制基础，可编程序控制器与变频器安装与故障分析方法及其处理、检修技术要求检修注意事项、检修所用设备与工具的操作使用及检修要求与操作技能。 2. 教学资源配备建议 (1) 教学场地。教学场地须具备良好的安全、照明和通风条件。可分为学习交流区、管道连接区、制冷系统安装维修区、制冷设备及配件展示区、工具与材料存放区、压力容器存储区、教学成果发布区等，并配备相应的多媒体教学设备等。 (2) 工具、材料、设备。 工具：钢丝钳、活络扳手、割管器、胀管器、测量工具（框式水平仪、千分表、平尺、钢卷尺、直角尺）、夹具、万用表、绝缘表等； 材料：铜管、焊接材料（焊条）、油料（润滑油、润滑脂）、清洗剂、制冷剂、保温材料、包扎带、		

续表

教学实施建议
胶水、氧气、乙炔等； 设备：吊装设备（钢丝绳、轧头、卡环、链式起重机等）、移动设备焊接设备（焊枪、氧气瓶、乙炔瓶）。 （3）教学资料。图纸、产品说明书、检修施工工艺文件、技术手册、工具书、技术规范、技术标准、操作规程、数字化资源等
教学考核要求
采用过程性考核和终结性考核相结合的方式。 1. 过程性考核 采用自我评价、小组互评和教师评价相结合的方式进行考核；让学生学会自我评价，教师要善于观察学生的学习过程，结合学生的自我评价、小组评价进行总评并提出改进建议。 （1）课堂考核：考核出勤、学习态度、课堂纪律、小组合作与展示等情况。 （2）作业考核：考核工作页的完成情况、课后练习等情况。 （3）阶段考核：纸笔测试、实操测试、口述测试。 2. 终结性考核 学生根据任务情境中的要求，按照作业规范，在规定时间内完成制冷系统可编程序控制器与变频器检修任务，达到行业规定的质量标准；教师按任务要求进行考核，并提前准备好考核所需的工具、材料、设备和资料等。 考核任务案例：变频器控制电路安装。 情境描述 某用户需要对制冷系统进行变频器控制电路安装操作，实现制冷系统的变频节能控制，现安排在规定的时限内完成此任务。 任务要求 根据任务的情境描述，在 90min 内完成： （1）写出制冷系统变频器控制电路的标注含义、制冷系统变频器控制电路安装操作前的准备工作。 （2）写出制冷系统变频器控制电路安装操作所需要的材料、设备、工具等。 （3）写出制冷系统变频器控制电路安装操作流程及质量控制的关键点和相应控制措施。 （4）完成制冷系统变频器控制电路安装及线路布置操作。 参考资料：完成上述任务时，可以使用所有的教学资料，如工作页、相关教材、技术手册、工具书、技术规范、技术标准、操作规程、说明书等

表 4-9 制冷系统维护保养课程标准

<table>
<tr><td>一体化课程名称</td><td>制冷系统维护保养</td><td>基准学时/h</td><td>350</td></tr>
<tr><td colspan="4">典型工作任务描述</td></tr>
<tr><td colspan="4">制冷系统维护保养是操作人员借助各类材料、设备、工具对制冷系统中的制冷剂系统中制冷压缩机进行维护保养、维护保养辅助设备、更换定检装置、编制备品备件需求计划，使其实现对物品或空间的调温、调湿、通风、洁净的有效功能控制及节能运行，以满足冷库的冷冻冷藏的技术要求。制冷系统维护涉及水、电、气等多种工种协调配合。操作人员应持有相应特种作业操作证。工作过程如下：
制冷工从班组长处接受制冷系统维护任务，领取工程图纸、日常维护工艺文件、技术要求和材料；准备维护用设备、气体、工具等；检查确认设备、工具、操作现场和周围环境符合安全要求；与操作人员沟通，分析制冷系统运行参数及性能的特点、难点及质量控制关键点，采取相应的控制措施；检查每个系统日常维护的质量，确认符合要求；进行维护前准备，实施各系统的维护作业；维护完成后进行现场清理、系统维护进行自检、缺陷返修；待制冷系统运行符合要求后；交付检验，检验合格后填写自检记录，交付班组长进行工序流转。
在工作过程中，树立严谨的工作态度，严格按工艺文件和工作流程开展工作，注意团结协作、沟通交流和劳动保护，养成良好的职业素养；在作业过程中，严格遵守和执行岗位操作规程，安全、质量、环境及职业健康等管理制度</td></tr>
<tr><td colspan="4">工作内容分析</td></tr>
<tr><td>工作对象
（1）工作任务的领取与分析；
（2）制冷系统工程图纸、产品说明书和日常维护文件的识读；
（3）技术交底内容的理解和掌握；
（4）质量控制措施的确定；
（5）各系统维护质量的检验；
（6）维护前准备，操作现场、水、电、气和周围环境的检查确认；
（7）制冷剂系统及设备（含整机、部件、阀件、管路等）的维护；
（8）水系统及设备（水</td><td colspan="2">工具、材料、设备与资料
（1）工具：钢丝钳、活络扳手、测量工具（水平仪、温湿度测量仪器、压力传感器、精密压力表、风速仪）、万用表、绝缘表等；
（2）材料：油料（润滑油、润滑脂）、清洗剂、制冷剂、保温材料、包扎带、胶水等；
（3）设备：吊装设备（钢丝绳、轧头、卡环、链式起重机等）、移动设备；
（4）资料：图纸、产品说明书、安装施工工艺文件、技术手册、工具书、技术规范、技术标准、操作规程等。
工作方法
（1）维护现场察看与清理；
（2）维护设备配备与使用方法；
（3）制冷设备维护测量工具的使用方法；
（4）制冷系统维护流程的制订；</td><td>工作要求
（1）明确工作内容、制冷系统维护规模与设备数量、完成时间等；
（2）了解制冷系统维护相关的信息，明确制冷系统维护技术要求和质量标准，确认制冷系统维护工艺；
（3）接受技术交底，明确制冷各系统维护方法、操作顺序、质量检查方法和验收标准及特殊要求等；
（4）针对质量控制关键点和特殊要求，明确相应的控制措施；
（5）按照制冷系统维护工艺文件要求检查制冷系统维护质量，确认符合设计条件；
（6）制冷系统维护材料、设备、工具准备齐全，安全防护、作业环境等达到要求；
（7）维护过程中严格执行制冷系统维护工艺文件要求，针对性措施落实</td></tr>
</table>

续表

工作内容分析		
泵、冷却塔、水箱、阀门、管道等）的维护； （9）制冷系统维护质量的自检和缺陷的返修； （10）维护后工程的交付和现场整理	（5）维护所需要的材料准备； （6）各系统维护质量的检验方法； （7）制冷剂系统维护要求与方法； （8）库房强制通风系统维护要求与方法； （9）水系统维护要求与方法； （10）制冷系统维护质量检验标准。 **劳动组织方式** （1）从班组长处接受工作任务，从技术人员处接受制冷系统维护的交底； （2）团结协作完成制冷系统维护的作业； （3）自检合格后将安装工程交付班组长	到位； （8）根据制冷系统维护工艺文件要求，通过维护使制冷剂系统、水系统、电气控制系统满足使用要求、重点要对易损坏的保温材料进行维护； （9）按照制冷系统维护质量检验标准进行自检，根据需要进行缺陷返修，准确填写自检记录； （10）按照维护工作流程及时交付工程，按照设备、工具维护保养要求进行必要的清理、维护、保养，工作过程中注重职业素养的培养，树立严谨的工作态度，认真执行管理规定

代表性工作任务		
任务名称	**任务描述**	**工作时间/h**
制冷设备清扫操作	根据制冷公司接到的制冷设备清扫操作任务，需要维护工具与材料有钢丝钳、活络扳手、万用表、绝缘表等，清洗液、毛刷、电线及包扎材料若干，要求操作人员根据用户要求清扫制冷系统各类设备，并能正常工作运行，工时为20h。 操作人员从班组长处接受制冷设备清扫操作任务，领取管道、材料；准备设备、制冷剂和工具等；检查确认设备、工具、作业场地和周围环境符合安全要求；检测制冷系统运行品质，确认维护内容；进行维护前准备；针对制冷系统维护的工艺特点及现场的情况，分析维护难点及质量控制关键点，采取相应措施，实施制冷系统各类设备的清扫；维护作业自检，缺陷返修；检验合格后填写维护记录，交付班组长进行工序流转	20
维护保养制冷压缩机	根据制冷公司接到的制冷压缩机维护保养（如螺栓阀杆等润滑、更换阀片、更换油过滤器、更换油泵、更换吸气滤网、检查压缩机部件、压缩机保养等）任务，需要维护工具与材料有钢丝钳、活络扳手、测量工具（温湿度测量仪器、压力传感器、精密压力表）、万用表、绝缘表等，制冷剂、电线及包扎材料若干，要求操作人员根据用户要求维护好制冷系统，并能正常工作运行，工时为40h。 操作人员从班组长处接受制冷压缩机维护保养任务，领取管道、材料；准备设备、制冷剂和工具等；检查确认设备、工具、作业场地和周围环境符合安	40

续表

任务名称	任务描述	工作时间/h
维护保养制冷压缩机	全要求；检测制冷系统运行品质，确认维护内容；进行维护前准备；针对压缩机维护保养的工艺特点及现场的情况，分析维护难点及质量控制关键点，安装相关操作规范，实施制冷压缩机维护保养工作；维护作业自检，缺陷返修；检验合格后填写维护记录，交付班组长进行工序流转	40
维护保养制冷系统换热设备	根据制冷公司接到的制冷系统换热设备维护保养（清洗冷凝器、清洗油冷却器、清洗冷却水套、修补防潮隔汽层和绝热层等）任务，需要维护工具与材料有钢丝钳、活络扳手、测量工具、万用表、绝缘表等，电线及包扎材料若干，要求操作人员根据用户要求维护保养制冷系统换热设备，并能正常工作运行，工时为32h。 操作人员从班组长处接受制冷系统换热设备维护保养任务，领取各类保养工具与设备；准备设备和工具等；检查确认设备、工具、作业场地和周围环境符合安全要求；检测制冷系统运行品质、确认符合要求；进行维护前准备；针对制冷系统换热设备维护保养工艺要求及现场的情况，分析维护难点及质量控制关键点，根据相关操作方案，实施制冷系统换热设备维护保养；操作自检，缺陷返修，交付验收；检验合格后填写维护记录，交付班组长进行工序流转	32
维护保养泵与风机	据制冷公司接到的维护保养泵与风机（维护冷却塔设备、维护保养水泵、维护保养风机）任务，需要维护工具与材料有钢丝钳、活络扳手、测量工具、万用表、绝缘表等，氮气、润滑油、包扎材料若干，要求操作人员根据用户要求进行泵与风机维护保养，并保证正常工作运行，工时为20h。 操作人员从班组长处接受维护保养泵与风机任务，领取维护工具与材料；检查确认设备、工具、作业场地和周围环境符合安全要求；检测制冷系统运行品质、确认符合要求；进行维护保养前准备；针对泵与风机维护保养的工艺特点及现场的情况，分析维护保养操作难点及质量控制关键点，采取相应措施，实施泵与风机的维护保养；保养后自检，缺陷返修，交付验收；检验合格后填写维护记录，交付班组长进行工序流转	20
更换定检装置	根据制冷公司接到的更换定检装置（更换压力表、更换温度计、更换安全阀）任务，需要材料为包扎材料若干，工具为钢丝钳、活络扳手、测量工具、万用表、绝缘表等，电线及包扎材料若干，要求操作人员更换定检装置，并能正常工作运行，工时为20h。 操作人员从班组长处接受更换定检装置任务，制订更换定检装置流程、材料；准备设备和工具等；检查确认设备、工具、作业场地和周围环境符合安全要求；检查制冷系统工作情况，确认符合要求；进行更换定检装置前准备；针对更换定检装置的工艺特点及安装现场的情况，分析更换定检装置操作难点及质量控制关键点，采取相应措施，实施更换定检装置作业，试运行及运行参数调整；缺陷自检，交付验收；检验合格后填写操作记录，交付班组长进行工序流转	20

续表

课程目标		
学习完本课程后，学生应当能够胜任制冷系统维护保养等工作，并严格执行企业安全生产制度、环保管理制度，具备安全意识、质量意识、职业健康和环境保护意识，养成爱岗敬业、自主学习、沟通协调、团队合作等职业素质。职业素质如下： （1）制冷设备清扫操作。 （2）维护保养制冷压缩机。 （3）维护保养制冷系统换热设备。 （4）维护保养泵与风机。 （5）更换定检装置。 （6）能制订制冷设备维护保养方案。 （7）能按要求进行制冷系统维护处的清理、自检、制冷系统维护缺陷的返修；能依据返修通知单及返修工艺文件进行制冷系统维护缺陷返修；能填写自检记录表。 （8）能与相关人员进行有效沟通，获取解决问题的方法和措施，解决工作过程中的常见问题。 （9）能对设备和工具等进行日常维护和保养		
学习内容		
本课程的主要学习内容如下： （1）制冷系统维护保养知识。制冷系统维护中各类系统的布置安装原则，制冷系统维护中常见问题及解决方法。 （2）维护用设备和辅助设备工作原理、使用及维护；管道加工与焊接常用工具的使用与维护。 （3）制冷系统维护工艺及操作技能。制冷剂系统、水系统等维护流程、技术要求等。 （4）制冷系统维护质量检验相关知识。 （5）制冷系统维护作业安全及环境防护。制冷系统安装设备及工具的安全操作规程；作业场地和周围环境的安全要求；管道焊接劳动安全和健康相关规定		
参考性学习任务		
序号	名称	学时/h
1	制冷设备清扫操作	40
2	维护保养制冷压缩机	150
3	维护保养制冷系统换热设备	60
4	维护保养泵与风机	60
5	更换定检装置	40
教学实施建议		
1. 教学组织方式方法建议 采用行动导向的教学方法。为确保教学安全，提高教学质量，建议采用分组教学的形式（2～4 人/组）；		

续表

教学实施建议
在完成工作任务的过程中，教师须加强示范与指导，注重学生职业素养和规范操作的培养。根据制冷系统维护工艺文件要求整体机组及压缩机、风机、水泵、换热器等设备合理维护，各类管道及阀门不能泄漏、管道布置符合设计要求、保温材料与管道要密贴不能有缝隙。 制冷系统维护时重点学习制冷剂系统、水系统与电气控制的压缩机、风机、水泵维护技术要求及流体输配管道与阀件的布置原则、系统集成维护注意事项、维护所用设备与工具的操作使用及维护保养要求与操作技能。 2. 教学资源配备建议 （1）教学场地。教学场地须具备良好的安全、照明和通风条件。可分为学习交流区、管道连接区、制冷系统安装维修区、制冷设备及配件展示区、工具与材料存放区、压力容器存储区、教学成果发布区等，并配备相应的多媒体教学设备等。 （2）工具、材料、设备。 工具：钢丝钳、活络扳手、割管器、胀管器、测量工具（框式水平仪、千分表、平尺、钢卷尺、直角尺）、夹具、万用表、绝缘表等； 材料：铜管、焊接材料（焊条）、油料（润滑油、润滑脂）、清洗剂、制冷剂、保温材料、包扎带、胶水、氧气、乙炔等； 设备：吊装设备（钢丝绳、轧头、卡环、链式起重机等）、移动设备焊接设备（焊枪、氧气瓶、乙炔瓶）。 （3）教学资料。图纸、产品说明书、安装施工工艺文件、技术手册、工具书、技术规范、技术标准、操作规程、数字化资源等
教学考核要求
采用过程性考核和终结性考核相结合的方式。 1. 过程性考核 采用自我评价、小组互评和教师评价相结合的方式进行考核；让学生学会自我评价，教师要善于观察学生的学习过程，结合学生的自我评价、小组评价进行总评并提出改进建议。 （1）课堂考核：考核出勤、学习态度、课堂纪律、小组合作与展示等情况。 （2）作业考核：考核工作页的完成情况、课后练习等情况。 （3）阶段考核：纸笔测试、实操测试、口述测试。 2. 终结性考核 学生根据任务情境中的要求，按照作业规范，在规定时间内完成管道连接任务，达到行业规定的质量标准；教师按任务要求进行考核，并提前准备好考核所需的工具、材料、设备和资料等。 考核任务案例：制冷压缩机油过滤器的更换操作（中级工）。 情境描述 某用户需要对制冷压缩机油过滤器进行更换操作，现安排在规定的时限内完成此任务。 任务要求 根据任务的情境描述，在 90min 内完成：

续表

教学考核要求
（1）写出制冷压缩机油过滤器的标注含义、制冷压缩机油过滤器的更换操作前的准备工作。 （2）写出制冷压缩机油过滤器的更换操作所需要的材料、设备、工具等。 （3）写出制冷压缩机油过滤器的更换操作流程及质量控制的关键点和相应控制措施。 （4）完成制冷压缩机油过滤器的更换操作。 参考资料：完成上述任务时，可以使用所有的教学资料，如工作页、相关教材、技术手册、工具书、技术规范、技术标准、操作规程、空调器说明书等

表 4-10　制冷系统运行管理课程标准

一体化课程名称	制冷系统运行管理	基准学时/h	300
典型工作任务描述			
制冷系统运行管理是以提高制冷企业的工作效率和效益为目标，制冷工协助企业管理者能聚合制冷企业的各类资源，充分运用管理的功能，使企业在安装维修过程中取得最大的效益，并能延长制冷系统运行寿命；工作过程如下： 制冷工技师接受制冷系统维修企业管理任务后，根据任务要求，能制订制冷系统维修安全操作规程，组织实施制冷系统检修工艺改进、成本核算、定额及质量管理，能进行制冷系统技术状况评定，能进行制冷系统维修器具、检测诊断设备调试和合规使用，能分析维修质量对制冷系统运行性能的影响，能撰写各类技术报告。 在工作过程中，制冷系统维修人员要树立严谨的工作态度，严格按工艺文件和工作流程开展工作，注意团结协作、沟通交流和劳动保护，养成良好的职业素养；在作业过程中，严格遵守和执行岗位操作规程，安全、质量、环境及职业健康等管理制度			
工作内容分析			
工作对象 （1）制冷系统维修技术规范和标准查阅与应用分析； （2）制冷系统维修安全操作规程制订； （3）制冷企业内部的管理； （4）制冷系统维修现场质量管理；	**工具、材料、设备与资料** （1）工具：管理用工具、实操用设备与工具等； （2）材料：实操用的材料（管材、焊接材料、氮气、制冷剂等）、管理用材料（记号笔、磁贴、标签纸等）； （3）设备：管理用设施、网络设备、依据管理内容需配置的安装维修设备等； （4）资料：图纸、产品说明书、制冷系统安装维修工艺文件、技术手册、工具书、技术规范、技术标准、操作规程、产品说明书等。	**工作要求** （1）了解制冷企业管理的内容与要求； （2）及时发现和纠正制冷系统维修人员违规操作、作业流程错误等问题，消除安全隐患； （3）进行项目立项准备、项目的预期目标及可行性分析、项目预算及报批、验收； （4）根据操作规程、作业流程，编写制冷系统项目维修工艺及质量控制措施；	

续表

工作内容分析		
（5）制冷系统维修项目成本核算管理； （6）实施制冷系统检修工艺改进； （7）撰写考察、测试、技术、实验等报告	**工作方法** （1）制冷系统技术规范和标准的查阅方法； （2）技术文件与各类报告撰写方法； （3）项目成本核算与定额方法； （4）制冷系统技术评定方法； （5）制冷系统安装维修质量分析与管理方法 **劳动组织方式** （1）能协助完成制冷系统维修安全操作规程与制订； （2）能参与制冷系统维修现场质量管理； （3）能进行制冷系统维修项目成本核算管理； （4）能实施制冷系统检修工艺改进； （5）能撰写考察、测试、技术、实验等报告	（5）检查制冷系统维修人员规范、安全作业习惯的养成和维修技术的提升情况，并做好记录； （6）分析制冷系统维修质量对制冷系统工作性能的影响，根据制冷系统运行性能提出改进工艺的措施； （7）撰写测试、实验、技术、考察及总结报告

代表性工作任务		
任务名称	**任务描述**	**工作时间/h**
制冷系统检修安全规范的编制	某制冷企业承接了大型建筑制冷工程的制冷系统检修任务，为确保任务安全有序且顺利地完成，管理部门需要制订该项目的安装规范。 制冷工技师接受安全规范编制任务后，领取制冷系统工程设计图纸与施工方案等资料，实地考察建筑现场，查阅相关技术规范与标准，按照制冷系统技术特点、规模以及业主的要求编写出制冷系统的检修安全作业规范，并交相关负责人审核。 任务完成后进行总结分析，形成书面报告，提交相交技术负责人员审核	16
环境保护与管理	某制冷企业承接了大型制冷系统安装与维护任务，为确保任务安全有序且顺利地完成，管理部门需要制订该项目的环境保护与管理规范。 制冷工技师接受环境保护与管理规范编制任务后，领取制冷系统工程设计图纸与施工方案等资料，实地考察建筑现场，查阅相关技术规范与标准、制冷系统技术特点、规模以及业主的要求编写出制冷系统的环境保护与管理规范，并交相关负责人审核。 任务完成后进行总结分析，形成书面报告，提交相交技术负责人员审核	16

续表

任务名称	任务描述	工作时间/h
制冷系统技术状况技术评价报告编制	某制冷企业承接了某建筑制冷系统评估任务，为确保制冷系统技术状况与技术评价能如实反映制冷系统的工作状况，经考察分析后需要编制技术评价报告，供业主进行决策参考。 制冷工技师接受制冷系统评估任务后，领取该项目的工程图样、安装施工、日常运行记录、维修保养等文件资料，并实地考察制冷系统现场，与相关操作人员沟通，了解和分析制冷设备运行性能等工作状况，查阅相关技术规范与标准，编制出制冷统技术状况与技术评价报告，突出制冷技术应用、技术规范、运行性能的细节、关键点及实际能耗实际水平。 任务完成后进行总结分析，形成书面报告，提交相交技术负责人员审核	16
制冷系统检修器具管理与检定方案的编制	制冷企业承接了制冷系统检修器具管理与检定方案检修任务，为确保检修器具管理与检定的高质量有序且顺利地完成，管理部门需要编制制冷系统检修器具管理与检定方案，以确保检修器具管理与检定的规范性。 制冷工技师接受制冷系统检修器具管理与检定方案的编制任务后，查阅相关器具的使用说明书，并与器具使用人员沟通，了解检修器具在使用中出现的问题，领取制冷系统检修器具管理与检定的文件，实地考察相关制冷系统检修器具，了解和分析制冷系统检修器具使用性能等工作状况，查阅相关技术规范与标准，编制制冷系统检修器具管理与检定方案，突出制冷系统检修器具的应用、技术规范、操作流程的细节、关键点及实际操作的技巧，强调操作过程中的注意事项。 任务完成后进行总结分析，形成书面报告，提交相交技术负责人员审核	16
考察、调试、技术报告编制	某制冷企业准备承接某建筑制冷系统项目安装任务，为充分了解与掌握制冷系统项目的规模、业主的状况、项目技术要求与项目的经济效益，管理部门要求相关人员进行实地考察，经考察分析后需要编制技术报告，供主管进行决策参考。 制冷工技师接受制冷系统考察、调试、技术报告编制任务后，实施对该项目的实地考察、与业主相关人员沟通交流、了解项目的性质、目的、规划与设计、领取该项目文件资料，查阅相关技术规范与标准，编制出制冷系统项目的考察等技术报告，突出制冷技术应用、技术规范、项目性质的细节、关键点及实际能耗实际水平。 任务完成后进行总结分析，形成书面报告，提交相交技术负责人员审核	16
制冷系统检修质量、故障诊断评定报告编制	某制冷企业承接了某建筑制冷系统检修任务，为如实反映制冷系统检修前后的工作状况，经考察分析后需要编制故障诊断与检修质量评定报告，供业主进行管理决策参考。 制冷工技师接受制冷系统检修质量、故障诊断评定报告编制任务后，领取该项目的工程图样、安装施工、日常运行记录、维修保养等文件资料，	16

续表

<table>
<tr><th>任务名称</th><th colspan="2">任务描述</th><th>工作时间/h</th></tr>
<tr><td>制冷系统检修质量、故障诊断评定报告编制</td><td colspan="2">并实地考察制冷系统现场，与相关人员交流沟通、了解和分析制冷设备运行性能、分析判断故障的原因等工作状况，查阅相关技术规范与标准，编制出制冷系统检修质量、故障诊断评定报告，突出故障现象、原因分析、故障处理、运行性能的细节、关键点。
任务完成后进行总结分析，形成书面报告，提交相交技术负责人员审核</td><td>16</td></tr>
<tr><th colspan="4">课程目标</th></tr>
<tr><td colspan="4">学习完本课程后，学生应当能够胜任制冷系统安装维修技术管理等工作，并严格执行企业安全生产制度、环保管理制度，具备安全意识、质量意识、职业健康和环境保护意识，养成爱岗敬业、自主学习、沟通协调、团队合作独立分析和解决疑难问题、创新改进等职业素质。职业素质如下：
（1）能编制制冷系统运行方案；
（2）能进行制冷系统安全检查；
（3）能编制应急准备和处置方案；
（4）能通过原始数据判断制冷设备运行状态；
（5）能根据设备台账和设备维修档案进行耗能分析；
（6）能提出节能降耗措施；
（7）能提出噪声、污水等环境保护措施；
（8）能制订制冷剂回收利用方案；
（9）能制订润滑油回收利用方案；
（10）能制订制冷系统余热利用方案</td></tr>
<tr><th colspan="4">学习内容</th></tr>
<tr><td colspan="4">本课程的主要学习内容如下：
（1）企业管理知识。
（2）企业技术文件编制方法。
（3）工作中疑难问题的分析方法。
（4）制冷专业发展趋势及其安装维修的新技术、新材料、新设备、新工艺的资料搜集与分析应用。
（5）企业安装、检修设备与材料的维护管理。
（6）各类项目的考察、调试、技术报告编制。
（7）制冷系统检修质量、故障诊断评定报告编制。
（8）归纳总结、技术分析与革新、规程制订</td></tr>
<tr><th colspan="4">参考性学习任务</th></tr>
<tr><td>序号</td><td colspan="2">名称</td><td>学时/h</td></tr>
<tr><td>1</td><td colspan="2">制冷系统运行管理</td><td>100</td></tr>
<tr><td>2</td><td colspan="2">环境保护与管理</td><td>80</td></tr>
</table>

续表

序号	名称	学时/h
3	企业管理知识	80
4	应用文写作知识	40
教学实施建议		
1. 教学组织方式方法建议 采用行动导向的教学方法。为确保教学安全，提高教学质量，建议采用分组教学的形式（2～4 人/组）；在完成工作任务的过程中，教师须加强示范与指导，注重学生职业素养和规范操作的培养。根据学员状况注意因材施教。 2. 教学资源配备建议 （1）教学场地。教学场地须具备良好的安全、照明和通风条件。可分为学习交流区、管道连接区、制冷系统安装维修区、制冷设备及配件展示区、工具与材料存放区、压力容器存储区、教学成果发布区等，并配备相应的多媒体教学设备等。 （2）工具、材料、设备。 工具：管理用工具、制冷系统安装维修管理用工具等； 材料：制冷系统安装维修用材料（铜管、制冷剂、氮气、保温材料等）、管理用材料（记号笔、磁贴、标签纸等）； 设备：多媒体教学设施，网络设备以及依据管理内容需配置的制冷系统安装维修用的管理设备等。 （3）教学资料。图纸、产品说明书、制冷剂回收工艺文件、技术手册、工具书、技术规范、技术标准、操作规程、数字化资源等		
教学考核要求		
采用过程性考核和终结性考核相结合的方式。 1. 过程性考核 采用自我评价、小组互评和教师评价相结合的方式进行考核；让学生学会自我评价，教师要善于观察学生的学习过程，结合学生的自我评价、小组评价进行总评并提出改进建议。 （1）课堂考核：考核出勤、学习态度、课堂纪律、小组合作与展示等情况。 （2）作业考核：考核工作页的完成情况、课后练习等情况。 （3）阶段考核：纸笔测试、实操测试、口述测试及各个任务的报告撰写质量。 2. 终结性考核 学生根据任务情境中的要求，按照作业规范，在规定时间内完成制冷系统安装检修安全规范的编制、制冷系统安装检修工艺流程的编制、制冷系统技术状况技术评价报告编制、考察、调试、技术报告编制及制冷系统检修质量、故障诊断评定报告编制的任务，达到行业规定的质量标准；教师按任务要求进行考核，并提前准备好考核所需的工具、材料、设备和资料等。 考核任务案例：制冷系统安装安全规范的编制。 情境描述 某制冷企业承接制冷系统检修项目，为确保工程项目安全顺利安装施工，根据工程项目图纸、工程文件等资料、依据检修作业管理要求，现需要在规定时限编写出该工程的制冷系统检修安全规范。		

续表

教学考核要求
任务要求 根据任务的情境描述，在 90min 内完成： （1）查阅文件资料、相关规范与标准。 （2）编制制冷系统检修安全规范的编制。 参考资料：完成上述任务时，可以使用所有的教学资料，如工作页、相关教材、技术手册、工具书、技术规范、技术标准、操作规程等

表 4－11　制冷系统培训与指导课程标准

一体化课程名称	制冷系统培训与指导	基准学时/h	200
典型工作任务描述			
制冷系统培训与指导是对制冷系统维修企业从事的相关人员进行制冷系统维修的操作流程、作业规范、技术疑难、节能改造、环境保护等方面的培训指导。培训与指导是根据培训单位的培训要求确定培训目标，组织专业人员（制冷工技师）制订相应的培训方案，在规定时限内完成理论知识、操作技能培训，并完成相应的评定考核。工作过程如下： 制冷工技师接受制冷系统维修企业培训与指导任务后，根据任务要求，对制冷系统维修项目及相关工艺文件进行分析，与现场维修人员沟通，提炼出培训与指导所需要的相应工艺要求与实际操作技巧，采取现场讲解、示范操作等教学方式进行技术指导，以提高制冷系统维修人员的良好操作与技术水平，制冷工技师接受培训与指导任务后，了解受训人员现有技能水平，制订培训方案，编写讲义，制作培训课件，准备场地、工具、设备和材料等；按照培训方案对制冷工进行培训；通过笔试测试、实操测试等方式进行考核，确保受训人员的理论知识与实际操作技能均达到培训要求。 在工作过程中，树立严谨的工作态度，严格按工艺文件和工作流程开展工作，注意团结协作、沟通交流和劳动保护，养成良好的职业素养；在作业过程中，严格遵守和执行岗位操作规程，安全、质量、环境及职业健康等管理制度			

工作内容分析		
工作对象 （1）工作任务的研究与分析； （2）制冷系统维修现场管理； （3）制冷系统维修现场指导； （4）培训需求的分析和培训方案的制订；	**工具、材料、设备与资料** （1）工具：培训用工具、实操用设备与工具等； （2）材料：实操用的材料（管材、焊接材料、氮气、制冷剂等）、培训用材料（记号笔、磁贴、标签纸等）； （3）设备：多媒体教学设施、网络设备、依据培训内容需配置的安	**工作要求** （1）明确培训与指导的内容与要求； （2）及时发现和纠正制冷系统维修人员违规操作、作业流程错误等问题，消除安全隐患； （3）根据操作规程、作业流程，采取现场讲解、示范操作等方式进行指导；分析、解答制冷系统维修人员在作业过程中遇到的技术疑难问题；

续表

工作内容分析		
（5）培训的实施； （6）培训对象的考核； （7）培训总结的撰写	装维修设备等； （4）资料：图纸、产品说明书、制冷系统安装维修工艺文件、技术手册、工具书、技术规范、技术标准、操作规程、培训资料等。 **工作方法** （1）演示法； （2）归纳法； （3）资料查阅法； （4）行动导向法。 **劳动组织方式** （1）独立向制冷系统维修人员提供现场指导和集中培训； （2）独立或协作完成技能培训工作	（4）了解分析受训制冷系统维修工的知识、技能等基础条件和培训单位的培训目标；按照企业培训管理制度编制培训方案，完成培训讲义和培训课件的开发； （5）按照企业培训管理制度进行集中培训，在培训过程中应兼顾培训对象个体的学习基础； （6）通过纸笔测试、被实操测试等方式进行考核，确保受训制冷维修工理论知识与实际操作技能均达到培训要求；通过满意度调查等形式对培训效果进行评价，确保考核评价结果真实有效； （7）撰写培训总结，分析培训中存在的问题，提出改进建议，及时进行反馈

代表性工作任务		
任务名称	**任务描述**	**工作时间/h**
编写高级工讲义	某制冷企业为进一步提升企业现有制冷系统维修人员的专业理论与技能水平，提高本企业人员的技能素养，确保高质量完成技术复杂的制冷系统检修项目，为企业创造更高的经济效益；项目部请求公司安排制冷工技师对现有的制冷工中级技能人员进行高级工理论与技能集中培训。 制冷工技师接受高级工理论与技能集中培训任务后，根据任务要求，研究制冷工国家职业技能标准中高级工相关知识要求，以及分析培训人员的专业知识与技能水平，结合培训计划与培训课程的要求，编写出制冷工高级工理论与技能的培训讲义，制作培训课件等教学资料，讲义编写要结合学员情况，突出制冷知识应用、技术规范、操作流程的重点与难点，确保学员理解、掌握、提高	24
编制高级工技能教案并进行指导	某制冷企业为进一步提升企业现有制冷系统维修人员的专业理论与技能水平，提高本企业人员的技术素养，确保高质量完成技术复杂的制冷系统检修项目，为企业创造更高的经济效益；项目部请求公司安排制冷工技师对现有的制冷工中级技能人员进行高级工技能集中培训与指导。 制冷工技师接受高级工技能集中培训任务后，根据任务要求，研究制冷系统安装维修工国家职业技能标准中高级工工作内容与技能要求，分析培训人员的专业知识与技能水平，结合培训计划与培训课程的要求，编	24

续表

任务名称	任务描述	工作时间/h
编制高级工技能教案并进行指导	写出制冷工高级工的技能教案，技能教案编写要结合学员情况，突出制冷技术应用、技术规范、操作流程的细节、关键点及实际操作的技巧，强调操作过程中的注意事项。 制冷工技师在技能培训中通过现场讲解、示范操作等方法进行指导，组织制冷工在实训场地起先练习操作，直到确认制冷工作业达到良好操作的技术水平；指导任务完成后进行总结分析，形成书面报告，提交相交技术负责人员	24
课程目标		
学习完本课程后，学生应当能够胜任制冷系统维修工的理论知识讲义、技能教案的编写及技能培训与指导等工作，并严格执行企业安全生产制度、环保管理制度，具备安全意识、质量意识、职业健康和环境保护意识，养成爱岗敬业、自主学习、沟通协调、团队合作独立分析和解决疑难问题、创新改进等职业素质。职业素质如下： （1）能根据技术规范和相关管理制度，及时发现和纠正制冷系统维修人员违规操作、作业流程错误等问题，消除安全隐患，确保安装维修质量。 （2）能根据操作规程、作业流程，采取现场讲解、示范操作等方式进行指导；能按照岗位工作职责的要求，分析、解答制冷系统维修人员在作业过程中遇到的技术疑难问题。 （3）能针对制冷系统维修作业过程中普遍存在的问题进行成因分析，对新技术、新材料、新设备、新工艺进行技术分析。 （4）能按照企业培训管理制度，编制培训方案和配套的培训资料，并能运用演示法、行动导向法等教学方法组织开展集中培训。 （5）能采取有效的方法对学员培训效果进行评价，分析培训中存在的问题，提出改进建议，撰写培训总结		
学习内容		
本课程的主要学习内容如下： （1）企业培训管理制度。 （2）课堂教学与技能培训的教学方法。 （3）工作中疑难问题的分析方法。 （4）制冷专业发展趋势及其维修的新技术、新材料、新设备、新工艺的资料搜集与分析应用。 （5）培训方案、培训资料编写方法，培训课件的制作方法。 （6）行动导向法等教学方法及其运用的步骤、注意事项。 （7）培训项目总结的撰写方法。 （8）理论与技能培训及指导过程中的相关沟通技巧，团队合作、教学组织等相关知识与技能		

续表

参考性学习任务		
序号	名称	学时/h
1	讲义与教案编写知识	80
2	技能教学指导方法	80
3	教学培训组织管理	40

教学实施建议

1. 教学组织方式方法建议

采用行动导向的教学方法。为确保教学安全，提高教学质量，建议采用分组教学的形式（2～4 人/组）；在完成工作任务的过程中，教师须加强示范与指导，注重学生职业素养和规范操作的培养。根据学员状况注意因材施教。

2. 教学资源配备建议

（1）教学场地。教学场地须具备良好的安全、照明和通风条件。可分为学习交流区、管道连接区、制冷系统维修区、制冷设备及配件展示区、工具与材料存放区、压力容器存储区、教学成果发布区等，并配备相应的多媒体教学设备等。

（2）工具、材料、设备。

工具：培训用工具、制冷系统安装维修用工具等。

材料：制冷系统安装维修用材料（铜管、制冷剂、氮气、保温材料等）、培训用材料（记号笔、磁贴、标签纸等）。

设备：多媒体教学设施，网络设备以及依据培训内容需配置的制冷系统安装维修用的设备等。

（3）教学资料。图纸、产品说明书、制冷剂回收工艺文件、技术手册、工具书、技术规范、技术标准、操作规程、数字化资源等

教学考核要求

采用过程性考核和终结性考核相结合的方式。

1. 过程性考核

采用自我评价、小组互评和教师评价相结合的方式进行考核；让学生学会自我评价，教师要善于观察学生的学习过程，结合学生的自我评价、小组评价进行总评并提出改进建议。

（1）课堂考核：考核出勤、学习态度、课堂纪律、小组合作与展示等情况。

（2）作业考核：考核工作页的完成情况、课后练习等情况。

（3）阶段考核：纸笔测试、实操测试、口述测试。

2. 终结性考核

学生根据任务情境中的要求，按照作业规范，在规定时间内完成理论培训讲义编写、技能教案编制及其指导的任务，达到行业规定的质量标准；教师按任务要求进行考核，并提前准备好考核所需的工具、材料、设备和资料等。

考核任务案例：制冷系统故障诊断与处理方法的讲义编写。

情境描述

某制冷企业开办制冷工高级工培训班，有 12 名取得中级工的学员参加培训，根据教学进程安排，现

续表

教学考核要求
需要在规定时限内编写制冷系统故障诊断与处理方法讲义并进行授课。 任务要求 根据任务的情境描述，在 90min 内完成： （1）根据培训需求编写出培训讲义。 （2）编制培训课件并完成 20min 左右的试讲。 （3）编制一份考核试卷。 参考资料：完成上述任务时，可以使用所有的教学资料，如工作页、相关教材、技术手册、工具书、技术规范、技术标准、操作规程等

五、实施建议

（一）培养模式

本专业技能人才培养宜采用校企合作人才培养模式，包括“学校为主、企业为辅”“学校、企业并重”和“企业为主、学校为辅”的校企合作人才培养模式。

初级技能阶段的人才培养宜采用“学校为主、企业为辅”的校企合作人才培养模式。学校模拟企业的工作情境，通过制冷设备和制冷系统运行的操作与调整（操作准备、开停机运行调节、加注、更换润滑油、排放不凝性气体、除霜）、处理故障（处理制冷压缩机故障、处理辅助设备故障、维护保养（维护保养制冷压缩机、维护保养辅助设备、更换定检装置）等工学结合课程，培养学生技能操作的规划和熟练度，促进其职业素质的养成及职业责任感的建立。

中级技能阶段的人才培养宜采用“学校为主、企业为辅”的校企合作人才培养模式。学校模拟企业的工作情境，通过制冷设备和制冷系统运行的操作与调整（巡检操作、运行调整、补充与回收制冷剂）、处理故障（处理制冷压缩机故障、处理辅助设备故障、处理电气系统故障）、维护保养（维护保养制冷压缩机、维护保养辅助设备）等工学结合课程，培养学生技能操作的规划和熟练度，促进其职业素质的养成及职业责任感的建立。

高级技能阶段的人才培养宜采用“学校、企业并重”的校企合作人才培养模式。学校模拟企业的工作情境，通过制冷设备和制冷系统运行的操作与调整（运行调整、处理长期停机、气密性试验、操作特种制冷装置、调整载冷剂浓度等）、处理故障（处理制冷压缩机故障、处理辅助设备故障、处理电气系统故障）、维护保养（维护保养制冷压缩机、维护保养辅助设备、编制备品备件需求计划）等工学结合课程，培养学生独立分析与解决单一制冷系统问题的能力，促进其职业素质的养成及职业责任感的建立。

技师阶段的人才培养宜采用“企业为主、学校为辅”的校企合作人才培养模式。在企业生产环境下，学校通过制冷设备和制冷系统运行的操作与调整（安装、调整自控装置、试运行制冷系统）、处理故障（处理制冷压缩机故障、处理辅助设备故障）、维护保养（维护保养制冷压缩机、维护保养辅助设备）、管理（制冷系统运行管理、环境保护与管理）、现场指导与技能培训等工学结合课程，培养学生分析与解决综合性制冷系统问题及在企业生产环境下的组织、协调、管理和技术指导等能力，促进其职业认同感的建立。必要时，辅以学校设置的模拟企业工作情境进行培养。

（二）师资队伍

在师资结构方面，要组建一支与办学规模、培养层级和课程设置相适应的业务精湛、素质优良、专兼结合的教师队伍；中级、高级技能阶段技能人才培养的师生于不低于1∶20，技师（预备技师）阶段人才培养的师生比不低于1∶15，具有企业实践经验的专兼职教师占专业教师总数的60%以上。

在师资能力方面，要求制冷专业教师能胜任技能人才培养要求中规定的职业典型工作任务，并将其转化成课程，组织教学和实施相应的考核评价，实现各层级技能人才培养目标，其中，培养初级技能人才的教师应具有制冷设备和制冷系统运行的操作与调整（操作准备、开停机运行调节、加注、更换润滑油、排放不凝性气体、除霜）、处理故障（处理制冷压缩机故障、处理辅助设备故障、维护保养（维护保养制冷压缩机、维护保养辅助设备、更换定检装置）等实践经验；培养中级技能人才的教师应具有制冷设备和制冷系统运行的操作与调整（巡检操作、运行调整、补充与回收制冷剂）、处理故障（处理制冷压缩机故障、处理辅助设备故障、处理电气系统故障）、维护保养（维护保养制冷压缩机、维护保养辅助设备）的实践经验；培养高级技能人才的教师应制冷设备和制冷系统运行的操作与调整（运行调整、处理长期停机、气密性试验、操作特种制冷装置、调整载冷剂浓度等）、处理故障（处理制冷压缩机故障、处理辅助设备故障、处理电气系统故障）、维护保养（维护保养制冷压缩机、维护保养辅助设备、编制备品备件需求计划）等实践经验；培养技师技能人才的教师应具有制冷设备和制冷系统运行的操作与调整（安装、调整自控装置、试运行制冷系统）、处理故障（处理制冷压缩机故障、处理辅助设备故障）、维护保养（维护保养制冷压缩机、维护保养辅助设备）、管理（制冷系统运行管理、环境保护与管理）、现场指导与技能培训等实践经验。

（三）场地设备设施

本专业教学场地应满足培养要求中规定的职业典型工作任务实施的环境、设备和设施要求，同时应保证教学场地符合国家制冷工作业劳动安全和职业健康要求，具备良好的安全、照明和通风除尘条件，其中，校内教学场地和设备、设施应能支持资料查阅、教师授课、小组研讨、任务实施、成果展示等活动的开展；企业实训基地应具备工作任务实践与技术培训等功能。

校内教学场地和设备、设施应按培养要求中规定的职业典型工作任务实施要求进行配置。根据制冷工的特点要分别设置：管道加工实训区、小型制冷装置实训区、压缩机实训区、制冷系统电气控制实训区、气调库实训区、压力容器存储区、教学成果发布区等。各区域设备、设施配置基本要求如下。

1. 管道加工实训区

管道加工实训区应配置常用施工工具设备的认识、使用以及施工操作的实训场地，能够初步掌握管钳工、电焊工、气焊工、钣金工等基本操作技能。

2. 小型制冷装置实训区

小型制冷装置实训区应配置电冰箱、空调器、制冷、制热实验台等设备能开展小型制冷设备的运行调试实训，加强电路故障的判断与排除能力。

3. 压缩机实训区

压缩机实训区应配置能够进行制冷压缩机与设备的拆卸与安装、测量与测绘实训，满足制冷工职业核心技能的培养需要。

4. 制冷系统电气控制实训区

制冷系统电气控制实训区培养对电气控制系统故障判断与维修能力，满足制冷工职业核心技能培养需要。

5. 气调库实训区

气调库实训区为学生提供一个完善的气调库系统，通过对气调库的结构和设备的认识，能对气调库及果蔬气调贮藏技术有一个比较全面的了解，以解决实践中存在的一些问题。

6. 压力容器存储区

压力容器存储区应配置通风设备、防雨设施、消防设施等，该区域应背阴，避免高温、阳光直晒。

7. 教学成果发布区

教学成果发布区应配置展示柜（台、架）、消防设备等。

说明：管道加工实训区建议按照每个工位2～4人学习与工作的配置标准进行设备、设施的配置。

（四）教学资源

本专业教学资源应按培养要求中规定的职业典型工作任务实施要求进行配置，包括实施“系统运行的操作与调整”典型工作任务的制冷系统运行的操作与调整、实施“处理故障”典型工作任务制冷系统运行处理故障、实施“维护保养”典型工作任务制冷系统运行的维护保养、实施“管理”典型工作任务的制冷系统运行管理、实施“现场指导与技能培训”的典型工作任务的制冷系统运行管理与培训类教学资源。

教学资源包括工作页、相关教材、技术手册、工具书、技术规范、技术标准、操作规程、数字资源等。

（五）教学管理制度

本专业应设立科学合理的教学管理机构，制订完善的教学管理制度，建立健全有效的教学管理运行机制。对于日常教学管理，应建立有效支持工学结合课程教学组织实施的管理制度，包括运行规则、专业建设与课程开发、师资队伍管理、教学运行管理等方面的制度。对于校内实践教学管理，应建立校内教学场地、大师工作室等管理制度，包括确立工作规范、教师职责、学生行为规范和工具、耗材、设备等管理规定。对于校外实践教学管理，应建立生产性实训基地、企业学习性岗位等管理制度，包括确定生产性实训基地、学习性岗位的设置条件、校企双方各自的合作管理职责等。

有条件的院校可探索建立“学校教育与企业生产相结合”的新型学徒制，与企业签订合作协议，明确学徒培训的期限、形式、内容、考核办法和双方责权利等，形成企业师傅在生产岗位上“传、帮、带”的技能人才培养模式。

六、考核与评价

（一）职业技能鉴定

1. 制冷工初级、中级、高级职业资格可采用过程化考核方式进行认证。在课程实施前，学校应编写《一体化课程教学与考核方案》，报送当地职业技能鉴定部门备案；实施时，按照教学与考核方案要求，开展过程化考核，职业技能鉴定部门进行技术指导和督查学生学习档案；所有课程结束时，提请职业技能鉴定部门组织相关考评员，依据考核方案进行鉴定，若考核合格，则直接认定相应的职业资格等级，并颁发相应的职业资格证书。

2. 技师职业资格可采用社会化职业技能鉴定方式进行考核认证。取得本职业预备技师证书的技师学院毕业生，累计从事本职业或相关职业工作两年（含）以上，按照当地职业技能鉴定部门相关规定，申报技师资格（国家职业资格二级）。

（二）职业能力测评

运用职业能力测评理论与技术，开发职业能力测评试题，测评各层级技能人才的职业能力水平与职业认同感，从职业效度的角度来分析职业院校的人才培养效果与行业企业用人要求的符合度。

（三）就业质量评价

从毕业生就业率、专业对口就业率、稳定就业率、就业后的待遇水平以及用人单位满意度等方面来衡量各层级技能人才的培养与就业质量。

其中，毕业生就业率主要包括毕业生在离校前已落实就业单位的比例（初次就业率），以及毕业生在毕业当年 12 月底前的就业比例；专业对口就业率指学生所学专业与实际就业所从事的职业及相关岗位群相对应的比例；稳定就业率指毕业生与企业签订一年及以上正式劳动合同所占的比例；就业后待遇水平指毕业生与企业签订正式劳动合同后的实际收入水平；用人单位满意度指用人单位对毕业生在企业工作期间表现进行的综合性评价。

第五章

中央空调系统运行操作员
国家技能人才培养标准

一、培养目标

（一）总体培养目标

培养面向制冷空调设备操作与维修相关企业就业，适应中央空调系统运行操作员岗位群工作（中央空调系统运行、保养、维修工作），胜任中央空调系统运行的操作与调整、维护保养、故障处理、管理空调系统、中央空调系统运行现场指导与技能培训等工作任务，具备安全意识、质量意识、职业健康与环境保护意识以及敬业爱岗、自主学习、沟通协调、团结协作，独立分析和解决问题、创新改进等职业素养，达到中央空调系统运行操作员相应等级职业资格要求的技能人才。

（二）层级培养目标

1. 初级技能

培养面向制冷空调设备操作与维修企业就业，适应中央空调系统运行操作员职业岗位群工作（如中央空调系统运行、保养、维修工作的人员），胜任中央空调系统运行的操作与调整（操作准备、开停机、巡检、运行调整）、维护保养［维护冷（热）源设备、维护空气处理系统、维护水管系统及辅助设备］、处理故障（处理空气处理系统故障、处理水管系统及辅助设备故障）等工作任务，具备安全意识、质量意识、职业健康与环境保护意识以及敬业爱岗、自主学习、沟通协调、团结协作等职业素养，达到中央空调系统运行操作员初级职业资格（国家职业资格五级）要求的技能人才。

2. 中级技能

培养面向制冷空调设备操作与维修企业就业，适应中央空调系统运行操作员职业岗位群工作（如中央空调系统运行、保养、维修工作的人员），胜任中央空调系统运行的操作与调整（操作准备、开停机、巡检、运行调整）、维护保养［维护冷（热）源设备、维护空气处理系统、维护水管系统及辅助设备、维护电气系统、补充与回收润滑油、补充与回收制冷剂］、处理故障［处理冷（热）源设备故障、处理空气处理系统故障、处理水管系统及辅助设备故障］等工作任务，具备安全意识、质量意识、职业健康与环境保护意识以及敬业爱岗、自主学习、沟通协调、团结协作等职业素养，达到中央空调系统运行操作员中级职业资格（国家职业资格四级）要求的技能人才。

3. 高级技能

培养面向制冷空调设备操作与维修企业就业，适应中央空调系统运行操作员职业岗位群工作（如中央空调系统运行、保养、维修工作的人员），胜任中央空调系统运行的操作与调整（运行调整、气密性试验）、维护保养［维护冷（热）源设备、维护空气处理系统、维护电气系统、编制备品备件需求计划］、处理故障［处理冷（热）源设备故障、处理空气处理系统故障、处理水管系统及辅助设备故障、处理电气系统故障］等工作任务，具备安全意识、质量意识、职业健康与环境保护意识以及敬业爱岗、自主学习、沟通协调、团结协作，独立分析和解决问题等职业素养，达到中央空调系统运行操作员高级职业资格（国家职业资格三级）要求的技能人才。

4. 技师（预备技师）

培养面向制冷空调设备操作与维修企业就业，适应中央空调系统运行操作员职业岗位群（如中央空调系统运行、保养、维修工作的人员），胜任中央空调系统运行的操作与调整（调试空调系统、运行调整）、处理故障（处理输配系统故障、处理电气系统故障）、管理空调系统（运行管理、设备管理、环境保护与管理、节能管理）、培训与指导（培训、技术指导）等工作任务，具备安全意识、质量意识、职业健康与环境保护意识以及敬业爱岗、自主学习、沟通协调、团结协作，独立分析和解决问题、创新改进等职业素养，达到中央空调系统运行操作员技师级职业资格（国家职业资格二级）要求的技能人才。

二、培养要求

中央空调系统运行操作员工种技能人才应被培养为具备中央空调系统运行、保养、维修工作等职业活动能力的技能人才。

中央空调系统运行操作员技能人才培养要求见表 5–1。

表 5-1 制冷设备运用与维修专业技能人才培养要求

技能人才层级	典型工作任务	职业能力要求
初级（五级）	操作与调整	（1）能根据运行日志、显示屏判断系统状态 （2）能确定日常开机情况下空调系统状态 （3）能进行空调系统日常开机操作 （4）能进行空调系统日常停机操作 （5）能在异常情况时进行空调系统紧急停机操作 （6）能巡检冷（热）源设备及空气处理设备的运行状态参数 （7）能巡检冷（热）源设备的冷却水、冷水进出口水温和流量 （8）能巡检冷（热）源设备、水泵、风机等电动机运行电流 （9）能巡检冷（热）源设备、水泵、风机等运行的振动、声响情况 （10）能巡检风管道（含绝热层）、阀门阀件、风口及支承构件 （11）能巡检水管道（含绝热层）、阀门阀件及支承构件 （12）能填写空调系统运行日志 （13）能设定冷（热）源设备的供水温度 （14）能根据供、回水温度调整冷（热）源设备运行台数
	维护保养	（1）能清洁机器、设备、机器间、设备间 （2）能紧固松动螺栓 （3）能给螺栓、阀杆处涂抹润滑油、润滑脂 （4）能维护保养风管系统中的风道（含绝热层）、风阀、风口、风管支承构件 （5）能清洁空气处理设备的过滤网、接水盘、换热器、风机等部件 （6）能清洁和油漆阀门构件 （7）能清洗水过滤器、进风栅、布水器、循环水池 （8）能清洗空气冷却式冷凝器 （9）能润滑水泵轴承和风机轴承 （10）能更换压力表、温度计、安全阀
	故障处理	（1）能处理风道结露故障 （2）能更换风阀 （3）能处理水管道结露故障 （4）能应急处理水管系统漏水故障 （5）能处理水管系统气塞故障
中级（四级）	操作与调整	（1）能检查季节性开机情况下空调系统状态 （2）能设定空调系统运行状态参数 （3）能进行系统长期停机后的开机操作 （4）能进行系统长期停机前的操作 （5）能检查离心机组导叶开度、吸排气压力

续表

技能人才层级	典型工作任务	职业能力要求
中级（四级）	操作与调整	（6）能检查活塞机组节流阀开度 （7）能检查溴化锂机组的结晶、冷剂水质量、真空度、溶液质量情况 （8）能判断电气控制系统的工作状态 （9）能根据负荷变化对空调运行方案进行调整 （10）能调节冷（热）水、冷却水的进、出口水温
	维护保养	（1）能清洗冷（热）源设备的换热器 （2）能清洗板式换热器 （3）能检查和更换密封胶垫 （4）能调整皮带的张紧力和皮带轮的直线度 （5）能清洗、更换水泵与风机的轴承、叶轮、扇叶、机械密封等部件 （6）能调整、更换V带 （7）能调节循环水池水位 （8）能清洁电源柜、控制柜及其电气部件 （9）能检查电气系统及设备绝缘情况和接地情况 （10）能检查处理电线路老化、损坏、接头虚接开焊、接线端子氧化等情况 （11）能检查、维护设备电源 （12）能判断润滑油品质 （13）能将润滑油补充入压缩机 （14）能回收蒸发器和冷凝器内润滑油 （15）能更换压缩机润滑油 （16）能鉴别制冷剂种类 （17）能将制冷剂加入冷（热）源设备 （18）能用制冷剂回收装置回收制冷剂
	故障处理	（1）能处理冷（热）源设备运行中的振动和异常响声 （2）能处理压缩机轴封漏油故障 （3）能处理活塞式压缩机曲轴箱润滑油起泡故障 （4）能处理风机盘管运转异常故障 （5）能处理空气处理机组振动和声音异常故障 （6）能处理空气处理机组风机传动皮带故障 （7）能处理空气处理机组风量异常故障 （8）能处理水泵轴封漏水故障 （9）能处理水泵不出水故障 （10）能处理水泵运转声音异常及泵体振动故障 （11）能处理冷却塔出水温度高故障

续表

技能人才层级	典型工作任务	职业能力要求
高级（三级）	操作与调整	（1）能调整冷（热）源设备运行中出现的异常参数 （2）能根据工况变化调节喷水室、表面式换热器、加湿器、空气净化设备运行参数 （3）能对大修或新建冷（热）源设备排污 （4）能进行压力气密性试验 （5）能进行真空密封性试验 （6）能对制冷系统进行泄漏检测
	维护保养	（1）能检查并调整能量调节装置 （2）能检查维护节流装置 （3）能更换油过滤器芯（网） （4）能维护保养加湿、减湿装置 （5）维护空气净化设备 （6）能使用除尘设备对风管内部积尘清洁 （7）能校准传感器、变送器及开关信号装置 （8）能维护自动控制装置 （9）能确定压缩机、辅助设备零部件的规格型号 （10）能确定易损件的种类及更换周期
	故障处理	（1）能处理压缩机启动故障 （2）能处理压缩机无故停车故障 （3）能处理压缩机排气温度和油温异常故障 （4）能处理压缩机吸、排气压力异常故障 （5）能处理压缩机油压异常故障 （6）能处理抽气回收系统异常故障 （7）能处理溴化锂机组冷剂水污染故障 （8）能处理溴化锂机组溶液结晶故障 （9）能处理溴化锂机组溶液液面异常故障 （10）能处理溴化锂机组热源设备故障 （11）能处理空气处理机组风机轴承温度过高故障 （12）能处理电动机电流过大及温度过高故障 （13）能处理加湿、除湿设备故障 （14）能处理空气净化设备故障 （15）能处理空调房间新风不足、异味问题 （16）能处理水泵电动机、轴承温度过高故障 （17）能处理水泵流量异常故障 （18）能处理冷却塔漂水现象

续表

技能人才层级	典型工作任务	职业能力要求
高级（三级）	故障处理	（19）能处理水处理装置故障 （20）能处理定压补水装置故障 （21）能处理电磁阀关闭不严及动作不灵活故障 （22）能处理调节阀动作不灵活故障 （23）能处理传感器测量值与实际值有差异故障
技师（二级）	操作与调整	（1）能制订空调系统调试方案 （2）能进行空调系统调试并编制测定调整报告 （3）能检测和调整洁净空间的环境参数 （4）能控制和削减空调噪声
	故障处理	（1）能处理水力失衡故障 （2）能处理送风量异常故障 （3）能处理自控控制器使用故障 （4）能处理自控控制器输入/输出故障 （5）能处理网络自动控制系统故障
	管理空调系统	（1）能编制设备运行方案 （2）能检查空调系统的运行安全状态并编制安全隐患解决方案 （3）能编制应急准备和响应方案 （4）能建立设备台账 （5）能建立设备维修档案 （6）能提出环境保护措施 （7）能制订润滑油回收利用方案 （8）能制订中央空调系统余热利用方案 （9）能提出节能降耗措施并编制节能运行方案 （10）能根据需要进行节能技术改造
	培训与指导	（1）能讲授中央空调安装、运行与修理知识 （2）能讲授安全生产、新型制冷剂检漏、充灌、回收和维修方法等知识 （3）能讲授 HFC 类制冷剂相关知识 （4）能指导初级工、中级工、高级工的技能操作 （5）能编制作业指导书

三、培养模式

本专业技能人才培养宜采用校企合作人才培养模式，包括“学校为主、企业为辅”“学校、企业并重”和“企业为主、学校为辅”的校企合作人才培养模式。

初级技能阶段的人才培养宜采用“学校为主、企业为辅”的校企合作人才培养模式。学校模拟企业的工作情境，通过中央空调系统运行的操作与调整（操作准备、开停机、巡检、运行调整）、维护保养［维护冷（热）源设备、维护空气处理系统、维护水管系统及辅助设备］、处理故障（处理空气处理系统故障、处理水管系统及辅助设备故障）等工学结合课程，培养学生技能操作的规划和熟练度，促进其职业素质的养成及职业责任感的建立。

中级技能阶段的人才培养宜采用“学校为主、企业为辅”的校企合作人才培养模式。学校模拟企业的工作情境，通过中央空调系统运行的操作与调整（操作准备、开停机、巡检、运行调整）、维护保养［维护冷（热）源设备、维护空气处理系统、维护水管系统及辅助设备、维护电气系统、补充与回收润滑油、补充与回收制冷剂］、处理故障［处理冷（热）源设备故障、处理空气处理系统故障、处理水管系统及辅助设备故障］等工学结合课程，培养学生技能操作的规划和熟练度，促进其职业素质的养成及职业责任感的建立。

高级技能阶段的人才培养宜采用“学校、企业并重”的校企合作人才培养模式。学校模拟企业的工作情境，通过中央空调系统运行的操作与调整（运行调整、气密性试验）、维护保养［维护冷（热）源设备、维护空气处理系统、维护电气系统、编制备品备件需求计划］、处理故障［处理冷（热）源设备故障、处理空气处理系统故障、处理水管系统及辅助设备故障、处理电气系统故障］等工学结合课程，培养学生独立分析与解决单一制冷系统问题的能力，促进其职业素质的养成及职业责任感的建立。

技师（预备技师）阶段的人才培养宜采用“企业为主、学校为辅”的校企合作人才培养模式。在企业生产环境下，学校通过中央空调系统运行的操作与调整（调试空调系统、运行调整）、处理故障（处理输配系统故障、处理电气系统故障）、管理空调系统（运行管理、设备管理、环境保护与管理、节能管理）、培训与指导（培训、技术指导）等工学结合课程，培养学生分析与解决综合性制冷系统问题及在企业生产环境下的组织、协调、管理和技术指导等能力，促进其职业认同感的建立。必要时，辅以学校设置的模拟企业工作情境进行培养。

（一）培养体制

本专业应依照相关法规和政策要求，在院校企合作委员会的统筹下，从中央空调系统运行操作员技能人才培养规律和用人要求出发，整合校企双方资源，汇集企业技术骨干和技能大师，组成专业建设专家库，进而共同开人才培养方案及课程共同组建师资队伍，共同建设校内外实习实训基地，通过校企双方的深度合作，实现中央空调系统运行操作员工种技能人才的有效培养。

（二）运行机制

人才培养的运行机制有两种：一种是以学校为主体的校企合作人才培养运行机制，应在招生就业、人才培养、师资队伍和场地设备建设等方面以学校为主，企业为辅；另一种是以企业为主体的新型学徒制。

以学校为主体的校企合作人才培养运行机制为例：

在人才培养方面，学校应与制冷空调系统使用企业合作，根据技能人才培养层级及培养目标，采用由职业的典型工作任务转化而成的工学结合课程来组织教学，并根据国家职业标准和企业用人要求共同制订评价标准，对学生职业素养和职业能力实施评价。

在师资队伍组建方面，学校教师应制冷空调系统使用企业中具有丰富工作经验的技术人员共同组成师资团队，发挥学校教师专业教学能力和企业技术人员专业实践能力的各自优势，共同策划与组织技能人才的培养与评价。

在场地设备方面，学校应与制冷空调系统使用企业共同规划建设校园文化与企业文化、理论教学与实践教学、学习过程与工作过程为一体的校内学习环境和企业生产实训基地。对于校内学习环境，学校可参照企业管理机制运行；对于企业生产性实训基地，学校应参与辅助管理，明晰校企双方的责任与权利。

四、培养条件

（一）师资队伍

在师资结构方面，要组建一支与办学规模、培养层级和课程设置相适应的业务精湛、素质优良、专兼结合的教师队伍；中级、高级技能阶段技能人才培养的师生于不低于 1∶20，技师（预备技师）阶段人才培养的师生比不低于 1∶15，具有企业实践经验的专兼职教师占专业教师总数的 60%以上。

在师资能力方面，要求中央空调系统运行操作员的授课教师能胜任技能人才培养要求中规定的职业典型工作任务，并将其转化成课程，组织教学和实施相应的考核评价，实现各层级技能人才培养目标，其中培养初级技能人才的教师应具有中央空调系统运行的操作与调整（操作准备、开停机、巡检、运行调整）、维护保养［维护冷（热）源设备、维护空气处理系统、维护水管系统及辅助设备］、处理故障（处理空气处理系统故障、处理水管系统及辅助设备故障）等的实践经验；培养中级技能人才的教师应具有中央空调系统运行的操作与调整（操作准备、开停机、巡检、运行调整）、维护保养［维护冷（热）源设备、维护空气处理系统、维护水管系统及辅助设备、维护电气系统、补充与回收润滑油、补充与回收制冷剂]、处理故障［处理冷（热）源设备故障、处理空气处理系统故障、处理水管系统及辅助设备故障］等的实践经验；培养高级技能人才的教师应具有中央空调系统运行的操作与调整（运行调整、气密性试验）、维护保养［维护冷（热）源设备、维护空气处理系统、维护电气系统、编制备品备件需求计划］、处理故障［处理冷（热）源设备故障、处理空气处理系统故障、处理水管系统及辅助设备故障、处理电气系统故障］等的实践经验；培养技师（预备技师）技能人才的教师应具有中央空调系统运行的操作与调整（调试空调系统、运行调整）、处理故障（处理输配系统故障、处理电气系统故障）、管理空调系统（运行管理、设备管理、环境保护与管理、节能管理）、培训与指导（培训、技术指导）等实践经验。

（二）场地设备设施

本专业教学场地应满足培养要求中规定的职业典型工作任务（表 5–2）实施的环境、设备和设施要求，同时应保证教学场地符合国家中央空调系统运行操作员作业劳动安全和职业健康要求，具备良好的安全、照明和通风除尘条件，其中，校内教学场地和设备、设施应能支持资料查阅、教师授课、小组研讨、任务实施、成果展示等活动的开展；企业实训基地应具备工作任务实践与技术培训等功能。

表 5–2　制冷设备运用与维修专业（中央空调系统运行操作员）典型工作任务

<table>
<tr><th>职业发展阶段</th><th>典型工作任务</th><th>代表性工作任务举例</th></tr>
<tr><td rowspan="8">初级技能</td><td rowspan="3">中央空调系统运行操作与调整</td><td>水冷螺杆式中央空调系统日常运行操作与调整</td></tr>
<tr><td>水冷离心式中央空调系统日常运行操作与调整</td></tr>
<tr><td>溴化锂中央空调系统日常运行操作与调整</td></tr>
<tr><td rowspan="3">中央空调系统维护保养</td><td>日常维护冷（热）源设备</td></tr>
<tr><td>日常维护空气处理系统</td></tr>
<tr><td>日常维护水管系统及辅助设备</td></tr>
<tr><td rowspan="2">中央空调系统故障检修</td><td>空气处理系统故障检修</td></tr>
<tr><td>水管系统故障检修</td></tr>
<tr><td rowspan="3">中级技能</td><td rowspan="3">中央空调系统运行操作与调整</td><td>水冷螺杆式中央空调系统季节性运行操作与调整</td></tr>
<tr><td>水冷离心式中央空调系统季节性运行操作与调整</td></tr>
<tr><td>溴化锂中央空调系统季节性运行操作与调整</td></tr>
</table>

续表

职业发展阶段	典型工作任务	代表性工作任务举例
中级技能	中央空调系统维护保养	维护冷（热）源换热设备
		维护空气处理系统设备
		维护水管系统辅助设备
		补充与回收制冷剂
		补充与回收润滑油
	电气及控制系统检修与维护	电气系统检修与维护
	中央空调系统故障检修	处理冷（热）源设备故障
		处理空气处理系统故障
		处理水管系统及辅助设备故障
高级技能	中央空调系统运行操作与调整	水冷螺杆式中央空调系统异常运行操作与调整
		水冷离心式中央空调系统异常运行操作与调整
		溴化锂中央空调系统异常运行操作与调整
		空气处理机组运行操作与调整
		气密性试验
	中央空调系统维护保养	维护冷（热）源设备
		维护空气处理系统
		编制备品备件需求计划
	电气及控制系统检修与维护	电气系统检修与维护
		控制系统检修与维护
	中央空调系统故障检修	处理冷（热）源设备故障
		处理空气处理系统故障
		处理水管系统及辅助设备故障
技师（预备技师）	中央空调系统运行操作与调整	水冷螺杆式中央空调系统调试
		水冷离心式中央空调系统调试
		溴化锂中央空调系统调试
		洁净空间环境参数检测和调整

续表

职业发展阶段	典型工作任务	代表性工作任务举例
技师（预备技师）	中央空调系统故障检修	处理输配系统故障
	电气及控制系统检修与维护	电气系统检修与维护
		控制系统检修与维护
	中央空调系统管理	运行管理
		设备管理
		环境保护与管理
		节能管理
	培训与指导	培训
		技术指导

校内教学场地和设备、设施应按培养要求中规定的职业典型工作任务实施要求进行配置。根据中央空调系统运行操作员的特点要分别设置：中央空调设备拆装与维修实训区、中央空调运行管理实训区、中央空调电气自动化实训区等。各区域设备、设施配置基本要求如下。

1. 中央空调设备拆装与维修实训区

风冷式换热器设备、水冷式换热设备、活塞式压缩机、螺杆式压缩机、组合工具等，能进行中央空调系统设备的拆装实训。

2. 中央空调运行管理实训区

中央空调运行管理实训区主要设备包括半封闭活塞式冷水机组、螺杆式水冷机组、风管风机盘管、冷却水塔、冷却水循环系统、冷冻水循环系统、风管风机机组等。能够进行中央空调系统运行仿真；冷水机组运行维护；电气控制系统实训；制冷系统实训；中央空调安装实训；空气调节实训（风量、水量测量调节）；制冷空调控制、检测技术实训；采用远程控制修改空调系统设定参数，进行故障诊断；进行风量、风速、噪声的测量，进行温度场、气流组织的分析等。

3. 中央空调电气自动化实训区

中央空调电气自动化实训区培养对电气控制系统故障判断与维修能力，满足中央空调系统维修与技术支持；使用常用电工工具及仪表检测电气控制元器件，能安装和连接中央空调装置控制电路，能进行中央空调机组电气故障排除。

4. 中央空调设备及配件展示区

中央空调设备及配件展示区应配置制冷系统设备及配件、通风系统及配件、水系统及配件、电气控制系统及元器件、安装维修设备及工具、消防设施等。

5. 工具与材料存放区

工具与材料存放区应配置通风设备（室内时）、消防设备等。

6. 教学成果发布区

教学成果发布区应配置展示柜（台、架）、消防设备等。

（三）教学资源

本专业教学资源应按培养要求中规定的职业典型工作任务实施要求进行配置，包括实施“系统运行的操作与调整”典型工作任务的中央空调系统运行与操作与调整、实施“故障处理”典型工作任务中央空调系统故障处理、实施“维护保养”典型工作任务的中央空调系统维护保养、实施“管理”典型工作任务的中央空调系统运行管理、实施“现场指导与技能培训”的典型工作任务的中央空调系统运行管理与培训类教学资源。

教学资源包括工作页、相关教材、技术手册、工具书、技术规范、技术标准、操作规程、数字资源等。

（四）教学管理制度

本专业应设立科学合理的教学管理机构，制订完善的教学管制度，建立有效的教学管理运行机制。对于日常教学管理，应建立有效支持工学结合课程教学组织实施的管理制度，包括学籍管理、专业建设与课程开发、师资队伍管理、教学运行管理等方面的制度。对于校内实践教学管理，应建立校内教学场地、大师工作室等管理制度，包括确立工作规范、教师职责、学生行为规范和工具、耗材、设备等管理规定。对于校外实训实践教学管理，应建立生产性实训基地、企业学习性岗位等管理制度，包括确定生产性实训基地、学习性岗位的设置条件、校企双方各自的合作管理职责等。

有条件的院校可探索建立“学校教育与企业生产相结合”的新型学徒制，与企业签订合作协议，明确学徒培训的期限、形式、内容、考核办法和双方责权利等，形成企业师傅在生产岗位上“传、帮、带”的技能人才培养模式。

五、培养质量

（一）职业技能鉴定

制冷设备运用与维修专业初级技能阶段性应按照国家职业技能鉴定要求取得中央

空调系统运行操作员五级职业资格证书；中级技能阶段应按照国家职业技能鉴定要求取得中央空调系统运行操作员四级职业资格证书；高级技能阶段应按照国家职业技能鉴定要求取得中央空调系统运行操作员三级职业资格证书；技师（预备技师）技能阶段应按照国家职业技能鉴定要求取得中央空调系统运行操作员二级职业资格证书。

（二）职业能力测评

运用职业能力测评理论与技术，开发职业能力测评试题，测评各层级技能人才的职业能力水平与职业认同感，从职业效度的角度分析职业院校的人才培养效果与行业企业用人要求的符合度。

（三）就业质量评价

从毕业生就业率、专业对口就业率、稳定就业率、就业后的待遇水平以及用人单位满意度等方面来衡量各层技能人才的培养与就业质量。其中，毕业生就业率主要包括毕业生在离校前已落实就业单位的比例（初次就业率），以及毕业生在毕业当年 12 月底前的就业比例；专业对口就业率指学生所学专业与实际就业所从事的职业及相关岗位群相对应的比例；稳定就业率毕业生与企业签订一年及以上正式劳动合同所占的比例；就业后的待遇水平指毕业生与企业签订正式劳动合同后的实际收入水平；用人单位满意度指用人单位对毕业生企业工作期间表现进行的综合性评价。

第六章

中央空调系统运行操作员一体化课程规范

一、专业基本信息

（一）专业名称

制冷设备运用与维修。

（二）专业编码

制冷设备运用与维修专业：0121。

制冷设备运用与维修专业初级技能：中央空调系统运行操作员（4–06–01–02）–5。

制冷设备运用与维修专业中级技能：中央空调系统运行操作员（4–06–01–02）–4。

制冷设备运用与维修专业高级技能：中央空调系统运行操作员（4–06–01–02）–3。

制冷设备运用与维修专业技师（预备技师）技能：中央空调系统运行操作员（4–06–01–02）–2。

（三）学制年限

制冷设备运用与维修专业初级技能：初中起点三年。

制冷设备运用与维修专业中级技能：初中起点三年。

制冷设备运用与维修专业高级技能：高中起点三年、初中起点五年。

制冷设备运用与维修专业技师（预备技师）技能：高中起点四年。

（四）就业方向

中央空调系统运行操作员初级技能：面向制冷设备相关企业就业，适应中央空调系统运行操作员岗位（如中央空调维保技术员、中央空调维修工、中央空调服务工程师等）工作，胜任中央空调系统运行的操作与调整（操作准备、开停机、巡检、运行调整）、维护保养［维护冷（热）源设备、维护空气处理系统、维护水管系统及辅助设备］、处理故障（处理空气处理系统故障、处理水管系统及辅助设备故障）等工作任务。

中央空调系统运行操作员中级技能：面向制冷设备相关企业就业，适应中央空调系统运行操作员岗位（如中央空调维保技术员、中央空调维修工、中央空调服务工程师等）工作，胜任中央空调系统运行的操作与调整（操作准备、开停机、巡检、运行调整）、维护保养［维护冷（热）源设备、维护空气处理系统、维护水管系统及辅助设备、维护电气系统、补充与回收润滑油、补充与回收制冷剂］、处理故障［处理冷（热）源设备故障、处理空气处理系统故障、处理水管系统及辅助设备故障］等工作任务。

中央空调系统运行操作员高级技能：面向制冷设备相关企业就业，适应中央空调系统运行操作员岗位（如中央空调维保技术员、中央空调维修工、中央空调服务工程师等）工作，胜任中央空调系统运行的操作与调整（运行调整、气密性试验）、维护保养［维护冷（热）源设备、维护空气处理系统、维护电气系统、编制备品备件需求计划］、处理故障［处理冷（热）源设备故障、处理空气处理系统故障、处理水管系统及辅助设备故障、处理电气系统故障］等工作任务。

中央空调系统运行操作员技师：面向制冷设备相关企业就业，适应中央空调系统运行操作员岗位（如中央空调维保技术员、中央空调维修工、中央空调服务工程师等）工作，胜任中央空调系统的运行、维护、检修、管理、运行现场指导与技能培训等工作任务。

（五）职业资格

中央空调系统运行操作员中级职业资格（国家职业资格五级）。

中央空调系统运行操作员中级职业资格（国家职业资格四级）。

中央空调系统运行操作员高级职业资格（国家职业资格三级）。

中央空调系统运行操作员技师职业资格（国家职业资格二级）。

二、人才培养目标

（一）总体培养目标

培养面向制冷空调设备操作与维修企业就业，适应中央空调系统运行操作员岗位（如中央空调维保技术员、中央空调维修工、中央空调服务工程师等）工作，胜任中央空调系统运行的操作与调整、维护保养、故障处理、运行管理、中央空调系统运行现场指导与技能培训等工作任务，具备安全意识、质量意识、职业健康与环境保护意识以及敬业爱岗、自主学习、沟通协调、团结协作、独立分析和解决问题、创新改进等职业素养，达到中央空调系统运行操作员相应等级职业资格要求的技能人才。

（二）初级技能

培养面向制冷空调设备操作与维修企业就业，适应中央空调系统运行操作员岗位（如中央空调维保技术员、中央空调维修工、中央空调服务工程师等）工作，胜任中央空调系统运行的操作与调整（操作准备、开停机、巡检、运行调整）、维护保养［维护冷（热）源设备、维护空气处理系统、维护水管系统及辅助设备］、处理故障（处理空气处理系统故障、处理水管系统及辅助设备故障）等工作任务，具备安全意识、质量意识、职业健康与环境保护意识以及敬业爱岗、自主学习、沟通协调、团结协作等职业素养，达到中央空调系统运行操作员初级职业资格（国家职业资格五级）要求的技能人才。

（三）中级技能

培养面向制冷空调设备操作与维修企业就业，适应中央空调系统运行操作员岗位（如中央空调维保技术员、中央空调维修工、中央空调服务工程师等）工作，胜任中央空调系统运行的操作与调整（操作准备、开停机、巡检、运行调整）、维护保养［维护冷（热）源设备、维护空气处理系统、维护水管系统及辅助设备、维护电气系统、补充与回收润滑油、补充与回收制冷剂］、处理故障［处理冷（热）源设备故障、处理空气处理系统故障、处理水管系统及辅助设备故障］等工作任务，具备安全意识、质量意识、职业健康与环境保护意识以及敬业爱岗、自主学习、沟通协调、团结协作等职业素养，达到中央空调系统运行操作员中级职业资格（国家职业资格四级）要求的技能人才。

（四）高级技能

培养面向制冷空调设备操作与维修企业就业，适应中央空调系统运行操作员岗位（如中央空调维保技术员、中央空调维修工、中央空调服务工程师等）工作，胜任中央空调系统运行的操作与调整（运行调整、气密性试验），维护保养［维护冷（热）源设备、维护空气处理系统、维护电气系统、编制备品备件需求计划］，处理故障［处理冷（热）源设备故障、处理空气处理系统故障、处理水管系统及辅助设备故障、处理电气系统故障］等工作任务，具备安全意识、质量意识、职业健康与环境保护意识以及敬业爱岗、自主学习、沟通协调、团结协作，独立分析和解决问题等职业素养，达到中央空调系统运行操作员高级职业资格（国家职业资格三级）要求的技能人才。

（五）技师（预备技师）

培养面向制冷空调设备操作与维修企业就业，适应中央空调系统运行操作员职业岗位（如中央空调维保技术员、中央空调维修工、中央空调服务工程师等），胜任中央空调系统的运行、维护、检修、管理、运行现场指导与技能培训等工作任务，具备安全意识、质量意识、职业健康与环境保护意识以及敬业爱岗、自主学习、沟通协调、团结协作，独立分析和解决问题、创新改进等职业素养，达到中央空调系统运行操作员技师职业资格（国家职业资格二级）要求的技能人才。

三、课程安排

中央空调系统运行操作员对应的课程包括职业道德、基础知识和一体化实训课程等。职业道德和基础知识根据使用单位的教学安排在一体化课程前完成。本课程安排表只列出一体化课程，且课程表中的学时分配为最低设置要求，使用单位可根据自身的教学安排确定具体学时分配。

表 6－1　初级工技能层级一体课程表（初中起点三年）

序号	课程名称	基准学时/h	学时分配/h					
			第 1 学期	第 2 学期	第 3 学期	第 4 学期	第 5 学期	第 6 学期
1	中央空调系统运行操作与调整	300	100	100	100	—	—	—
2	中央空调系统维护保养	280	100	100	80	—	—	—
3	中央空调系统故障检修	100	—	50	50	—	—	—
总学时		680	200	260	230	—	—	—

表 6－2　中级工技能层级一体课程表（初中起点三年）

序号	课程名称	基准学时/h	学时分配/h					
			第 1 学期	第 2 学期	第 3 学期	第 4 学期	第 5 学期	第 6 学期
1	中央空调系统运行操作与调整	390	150	140	100	—	—	—
2	中央空调系统维护保养	300	100	100	100	—	—	—
3	中央空调电气及控制系统检修与维护	80	—	—	80	—	—	—
4	中央空调系统故障检修	150	—	70	80	—	—	—
总学时		920	250	310	360	—	—	—

表 6-3　高级工技能层级一体课程表（高中起点三年）

序号	课程名称	基准学时/h	学时分配/h					
			第 1 学期	第 2 学期	第 3 学期	第 4 学期	第 5 学期	第 6 学期
1	中央空调系统运行操作与调整	540	160	160	120	100	—	—
2	中央空调系统维护保养	480	120	130	100	130	—	—
3	中央空调电气及控制系统检修与维护	200	—	—	80	120	—	—
4	中央空调系统故障检修	400	100	100	100	100	—	—
总学时		1 620	380	390	400	450	—	—

表 6-4　高级工技能层级一体课程表（初中起点五年）

序号	课程名称	基准学时/h	学时分配/h									
			第 1 学期	第 2 学期	第 3 学期	第 4 学期	第 5 学期	第 6 学期	第 7 学期	第 8 学期	第 9 学期	第 10 学期
1	中央空调系统运行操作与调整	540	80	80	80	80	120	100	—	—	—	—
2	中央空调系统维护保养	480	60	60	60	70	100	80	50	—	—	—
3	中央空调电气及控制系统检修与维护	200	—	—	—	80	—	60	—	60	—	—
4	中央空调系统故障检修	400	—	100	—	100	100	—	100	—	—	—
总学时		1 620	140	240	140	330	320	240	150	60	—	—

表 6-5　技师（预备技师）技能层级一体课程表（高中起点四年）

序号	课程名称	基准学时/h	学时分配/h							
			第 1 学期	第 2 学期	第 3 学期	第 4 学期	第 5 学期	第 6 学期	第 7 学期	第 8 学期
1	中央空调系统运行操作与调整	600	180	160	120	140	—	—	—	—
2	中央空调系统维护保养	480	120	130	100	130	—	—	—	—
3	中央空调电气及控制系统检修与维护	240	—	—	100	70	70	—	—	—
4	中央空调系统故障检修	440	100	120	120	100	—	—	—	—
5	中央空调系统运行管理	300	—	—	—	—	200	100	—	—
6	理论培训与技能指导	200	—	—	—	—	—	200	—	—
总学时		2 260	400	410	440	440	270	300	—	—

四、一体化课程标准

表 6-6　中央空调系统运行操作与调整课程标准

一体化课程名称	中央空调系统运行操作与调整	基准学时/h	600
典型工作任务描述			
中央空调系统运行操作与调整是操作人员借助各类材料、设备、工具对中央空调系统中的制冷剂系统、通风系统、水系统、电气控制系统进行安装后的系统调试、运行操作以及运行参数的调整，使中央空调系统满足空间空气品质的控制功能与性能要求，最终达到设计的技术要求。操作人员应持有相应作业操作证。工作过程如下： 中央空调系统运行操作员从班组长处接受中央空调系统操作与调整任务，领取设计图纸、系统技术文件、技术要求和材料；准备操作和调整用设备、气体、仪器及工具等；检查确认设备、仪器工具、测试现场和周围环境符合安全要求；与安装人员沟通交流、分析中央空调系统操作与调整次序与操作流程的特点、难点及质量控制关键点，采取相应的控制措施；检查每个操作与调整环节的性能，确认符合要求；进行操作与调整前准备，实施制冷剂系统、通风系统、水系统、电气控制系统的操作与调整作业；成后进行现场清理、系统调整后进行系统性能分析、给出测试结果；待中央空调系统运行符合要求后；交付检验，检验合格后填写自检记录，交付班组长进行工序流转			

续表

<table>
<tr><th colspan="3">典型工作任务描述</th></tr>
<tr><td colspan="3">在工作过程中，树立严谨的工作态度，严格按工艺文件和工作流程开展工作，注意团结协作、沟通交流和劳动保护，养成良好的职业素养；在作业过程中，严格遵守和执行岗位操作规程，安全、质量、环境及职业健康等管理制度</td></tr>
<tr><th colspan="3">工作内容分析</th></tr>
<tr><td>工作对象
（1）工作任务的领取与分析；
（2）设计图纸、产品说明书和技术文件的识读；
（3）技术交底内容的理解和掌握；
（4）质量控制措施的确定；
（5）各系统操作与调整性能的检验；
（6）操作与调整前准备，操作现场、水、电、气和周围环境的检查确认；
（7）制冷剂系统及设备（含整机、部件、阀件、管路等）的操作与调整；
（8）水系统及设备（水泵、冷却塔、水箱、阀门、管道等）的操作与调整；
（9）通风系统及设备（风机、阀门、风管等）的调试；
（10）电气控制系统（含强电与弱电等）的操作与调整；
（11）中央空调系统性能分析；
（12）报告的交付和现场整理</td><td>工具、材料、设备与资料
（1）工具：钢丝钳、活络扳手、测试工具（水平仪、千分表、温湿度测试仪表、流量仪表、压力测量仪器、流量与流速测量）、夹具、万用表、绝缘表等；
（2）材料：油料（润滑油、润滑脂）、清洗剂、制冷剂、保温材料、包扎带、胶水等；
（3）设备：计算机及软件等；
（4）资料：图纸、产品说明书、安装施工工艺文件、技术手册、工具书、技术规范、技术标准、操作规程等。
工作方法
（1）操作与调整现场察看与清理；
（2）操作与调整仪表仪器的配备与使用方法；
（3）中央空调系统运行操作的方法；
（4）中央空调系统调整流程或方案的制订；
（5）操作与调整所需要的材料准备及仪器原固定；
（6）各系统参数测试与调整的方法；
（7）制冷剂系统测试与调整方法；
（8）通风系统测试与调整方法；
（9）水系统测试与调整方法；
（10）电气控制系统测试与调整方法；
（11）中央空调系统性能测试分析及完成调试报告。
劳动组织方式
（1）从班组长处接受工作任务，从技术人员处接受中央空调系统技术的交底；
（2）团结协作完成中央空调系统操作与调整的作业；
（3）自检合格后将报告交付班组长</td><td>工作要求
（1）明确操作与调整内容、中央空调系统规模与设备数量、完成时间等；
（2）了解中央空调系统操作与调整相关的信息，明确中央空调系统操作与调整技术要求和性能标准，确认中央空调系统操作与调整方案；
（3）接受技术交底，明确操作与调整方法、操作顺序、性能分析方法和报告内容及特殊要求等；
（4）针对操作与调整分析关键点和特殊要求，明确相应的控制措施；
（5）按照中央空调系统操作与调整性能分析报告检查中央空调系统性能质量，确认中央空调系统运行状况；
（6）中央空调系统操作与调整材料、设备、工具准备齐全，安全防护、作业环境等达到要求；
（7）操作与调整过程中严格执行中央空调系统操作与调整方案的要求，针对性措施落实到位；
（8）根据中央空调系统操作与调整方案要求，中央空调系统运行参数测试操作正确，测试工具完好、仪器精度符合要求，数据分析与处理合理；
（9）按照中央空调系统操作与调整结果检验标准进行自检，根据需要进行重新调整修理，准确填写记录；
（10）按照工作流程及时交付报告，按照测试设备、工具维护保养要求进行必要的清理、维护、保养，工作过程中注重职业素养的培养，树立严谨的工作态度，认真执行管理规定</td></tr>
</table>

续表

代表性工作任务		
任务名称	任务描述	工作时间/h
中央空调系统操作准备	某空调设备工程公司接到一商场中央空调系统的夏季运行前操作准备任务，技术科编制操作准备文件，选用文档记录方法，要求中央空调系统运行班组按照操作准备文件完成操作准备任务，工时为24h。 中央空调系统运行班组接受操作准备任务，领取操作准备文件；检查机组配电柜内电路中的随机熔断管是否完好无损；检查电动机旋转方向是否正确，各继电器整定值是否在说明书规定范围之内；检测制冷机组系统内的制冷剂是否达到规定的液面要求，是否有泄漏情况；检查冷冻水泵、冷却水泵、管路是否有异常情况；检查机组和水系统中的所有阀门是否操作灵活，无泄漏或卡死情况。各阀门的开关位置是否符合系统运行要求。检查完成后填写操作准备文件，交付班组长进行工序流转	24
中央空调系统开、停机	某空调设备工程公司接到一商场中央空调系统的夏季运行任务，技术科编制运行用开停机文件，选用文档记录方法，要求中央空调系统运行班组按照运行文件完成开停机任务，工时为24h。 中央空调系统运行班组接受中央空调系统开停机任务，领取运行文件，首先进行日常开机前准备工作：启动冷冻水泵、冷却水泵、观察电动机转向是否正确；打开冷水机组电源开关，观察机组控制面板指示灯是否符合启动要求；检查冷冻水供、回水温度的设定值，根据环境要求是否需要改变此设定值。 其次进行运行工作：严格按照有关规程要求开停和调节中央空调系统的各个设备，并做好相应的运行记录；根据室外气象条件和各部门负荷情况，精心操作，精心调节，保证中央空调系统安全、经济、正常运行；遵守机房的管理制度，保持安全文明生产的良好环境；值班时发现空调系统和设备出现异常情况要及时处理，处理不了的情况要及时报告主管领导，如果会危及人身或设备的安全则首先采取机组急停等紧急措施。 最后进行交接班工作：中央空调机房实行24h值班，每3h对机组进行巡查并记录相关数据；交接班工作应在下一班正式上班时间前10min内进行；交接双方共同巡视，检查主要设备，核对交班前的最后一次记录数据，问清运行情况；交接班双方要在交接班记录上签字；交接班时间以前发生的问题或故障未处理完不能交接班，并由交班人员负责；交接班过程中发现的问题或故障，双方应共同处理，待处理完后再办理交接。 在运行全过程中根据具体情况填写相关运行文件，交付班组长进行工序流转	24

续表

任务名称	任务描述	工作时间/h
中央空调系统巡检	某空调设备工程公司接到一商场中央空调系统的夏季运行过程中的巡检任务，技术科编制巡检文件，选用文档记录方法，要求中央空调系统运行班组按照巡检文件完成巡检任务，工时为24h。 中央空调系统运行班组接受中央空调系统巡检任务，领取巡检文件，进行日常巡检工作；值班人员每隔3h巡视一次中央空调机组，检查设备是否有不正常的振动、噪声、过热、结露、泄露、过滤材料是否需要清洗或更换，各种阀门的开关位置是否正确、活动是否灵活，保温层是否有损坏，风机皮带松紧是否合适等；运行值班人员的检查主要通过看、听、摸、嗅的方式来进行，一般不做拆卸检查；机组故障需要拆卸修理时，配合机组厂家技术人员实施；巡回检查中发现的问题要立即处理，处理不了的要及时向空调主管人员汇报，并做好有关记录；在巡回检查时，要注意观察各种仪表读数是否处于正常工作范围内，如不正常要及时查明是仪表原因还是非仪表原因，并做出针对性的措施和解决方法。 巡检过程要完整填写巡检记录，交付班组长进行工序流转	24
气密性试验	某空调设备工程公司接到一商场中央空调系统的气密性试验任务，技术科编制气密性试验文件，选用文档记录方法，要求中央空调系统运行班组按照文件完成气密性试验任务，工时为32h。 中央空调系统运行班组接受中央空调系统气密性试验任务，领取试验文件，进行气密性试验工作；关闭室外机组的球阀，并从室外机组球阀所提供的检修口为连接管和室内机组加压（务必从高压管和低压管的检修口加压）；进行压力气密性试验，使用氮气增压法，用氮气加压到指定的压力后，等待约一天时间（如果压力没有下降，则气密性很好。但如果压力下降，在找不到漏气点的情况下，可进行鼓泡试验）；进行制冷剂泄漏检测，使用兼容对应制冷剂的电子泄漏仪检查可能产生气体泄漏的部位、喇叭口连接部位、铜焊部位、法兰盘和其他可能泄露的位置等；进行真空气密性试验。气密性试验过程要完整填写试验记录，交付班组长进行工序流转	32
调试中央空调风系统	根据某空调设备工程公司接到的通风系统风量和风压的调整任务，管道保温材料、电线及包扎材料若干，要求操作人员为用户调试中央空调风系统，并能正常工作运行，工时为24h。 操作人员从班组长处接受通风系统风量和风压的调整任务，领取六角扳手、钳形电流表、电子温度计、倾斜式微压计、毕托管、风速仪、通风干湿球温度计、万用表、绝缘表等工具材料；检查确认设备、工具、作业场地和周围环境符合安全要求；检查通风系统安装质量，确认符合要求；进行调试前准备；针对通风系统风量和风压的调整的工艺特点及安	24

续表

任务名称	任务描述	工作时间/h
调试中央空调风系统	装现场的情况，分析调试难点及质量控制关键点，采取相应措施，实施通风系统风量和风压的调整作业，通电自检，缺陷返修，交付验收；检验合格后填写自检记录，交付班组长进行工序流转	24
调整中央空调系统电气控制参数	根据某空调设备工程公司接到的调试中央空调系统电气控制参数任务，需要工具与材料为万用表、安装维修工具、管道保温材料、电线及包扎材料若干，要求操作人员为安装好的空调器进行电气控制参数调试，并能正常工作运行，工时为24h。 操作人员从班组长处接受调试中央空调系统电气控制参数任务，领取万用表、安装维修工具与材料；准备设备和工具等；检查确认设备、工具、作业场地和周围环境符合安全要求；检查空调器安装质量，确认符合要求；进行调试前准备；针对中央空调系统电气控制参数调试的工艺特点及安装现场的情况，分析调试难点及质量控制关键点，采取相应措施，实施中央空调系统电气控制参数调试作业。调试要求：对制冷额定工作电流、制热额定工作电流、最大运行电流的调整、通电自检，缺陷返修，交付验收；检验合格后填写自检记录，交付班组长进行工序流转	24
调试中央空调系统通信线路	根据某空调设备工程公司接到的调试中央空调系统通信线路任务，需要工具材料为万用表、安装维修工具管道保温材料、电线及包扎材料若干，要求操作人员为安装好的空调器进行通信线路调试，并能正常工作运行，工时为24h。 操作人员从班组长处接受调试中央空调系统通信线路任务，领取万用表、安装维修工具与材料；准备设备和工具等；检查确认设备、工具、作业场地和周围环境符合安全要求；检查空调器安装质量，确认符合要求；进行调试前准备；针对中央空调系统通信线路调试的工艺特点及安装现场的情况，分析调试难点及质量控制关键点，采取相应措施，实施中央空调系统通信线路调试作业，通信要求：主机发送信号，从机接收；从机发送信号，主机接收、通电自检，缺陷返修，交付验收；检验合格后填写自检记录，交付班组长进行工序流转	24

课程目标
学习完本课程后，学生应当能够胜任中央空调系统运行操作和调整等工作，并严格执行企业安全生产制度、环保管理制度，具备安全意识、质量意识、职业健康和环境保护意识，养成爱岗敬业、自主学习、沟通协调、团队合作等职业素质。职业素质如下： （1）能读懂中央空调系统设计图纸和工艺文件，明确工作任务、技术要求和质量标准。 （2）能通过技术交底和有效沟通明确中央空调系统操作与调整方法、中央空调系统操作与调整流程、技术要求和性能标准。

续表

课程目标		
（3）能通过中央空调系统操作与调整工艺文件，确认设备质量符合要求、预防措施到位。 （4）能根据中央空调系统操作与调整工艺文件完成准备工作，并确认作业场地和周围环境达到劳动安全和职业健康要求。 （5）能按要求使用设备和工具，严格执行管道连接工艺文件，完成各中央空调系统操作与调整；操作与调整过程中能采取有效措施预防和减少中央空调系统运行缺陷、机组不平稳等现象。 （6）能按要求进行中央空调系统的清理、自检返修；能依据返修通知单及返修工艺文件进行中央空调系统参数调整；能填写自检记录表。 （7）能与相关人员进行有效沟通，获取解决问题的方法和措施，解决工作过程中的常见问题。 （8）能对设备和工具等进行日常维护和保养		
学习内容		
本课程的主要学习内容包括： （1）中央空调系统相关知识 中央空调系统安装操作与调整中需要的相关知识有热工基础、流体力学与泵及风机、制冷原理、空气调节基础、制冷技术、通风与净化技术、电气控制技术、各类制冷空调机组分类、规格、应用等，各类中央空调系统的特点、标准、规范；中央空调系统操作与调整中常见问题及解决方法。 （2）中央空调系统工程图的识读知识。 （3）中央空调系统参数测量与调整知识。中央空调系统操作与调整中温度、压力、电流、功率等参数常见问题及解决方法。 （4）操作与调整用设备和辅助设备工作原理、使用及维护。 （5）中央空调系统操作与调整操作技能。操作与调整仪器安装要求、操作与调整设备布置原则、系统操作与调整流程、技术要求等。 （6）中央空调系统操作与调整质量检验相关知识。 （7）中央空调系统操作与调整作业安全及环境防护。中央空调系统操作与调整设备及工具的安全操作规程；作业场地和周围环境的安全要求；劳动安全和健康相关规定		
参考性学习任务		
序号	名称	学时/h
1	中央空调系统操作准备	60
2	中央空调系统开、停机	100
3	中央空调系统巡检	100
4	气密性试验	100
5	调试中央空调风系统	100
6	调整中央空调系统电气控制参数	80
7	调试中央空调系统通信线路	60

续表

教学实施建议
1. 教学组织方式方法建议 采用行动导向的教学方法。为确保教学安全，提高教学质量，建议采用分组教学的形式（2～4 人/组），在完成工作任务的过程中，教师须加强示范与指导，注重学生职业素养和规范操作的培养。根据中央空调系统运行操作和调整工艺文件要求整体机组及压缩机、风机、水泵、换热器等设备参数调整，各类管道及阀门不能泄漏、运行参数符合设计要求。 中央空调系统运行操作和调整时重点学习制冷剂系统、通风系统、水系统与电气控制的压缩机、风机、水泵调整技术，系统运行操作和调整注意事项、所用设备与工具的操作使用及操作技能。 2. 教学资源配备建议 （1）教学场地。教学场地须具备良好的安全、照明和通风条件。可分为学习交流区、管道连接区、中央空调系统安装维修区、中央空调设备及配件展示区、工具与材料存放区、压力容器存储区、教学成果发布区等，并配备相应的多媒体教学设备等。 （2）工具、材料、设备。 工具：钢丝钳、活络扳手、割管器、胀管器、测量工具（倾斜式微压计、毕托管、风速仪、通风干湿球温度计）、夹具、万用表、绝缘表等； 材料：铜管、焊接材料（焊条）、油料（润滑油、润滑脂）、清洗剂、制冷剂、保温材料、包扎带、胶水、氧气、乙炔等； 设备：登高作业设备。 （3）教学资料。图纸、产品说明书、安装施工工艺文件、技术手册、工具书、技术规范、技术标准、操作规程、数字化资源等
教学考核要求
采用过程性考核和终结性考核相结合的方式。 1. 过程性考核 采用自我评价、小组互评和教师评价相结合的方式进行考核；让学生学会自我评价，教师要善于观察学生的学习过程，结合学生的自我评价、小组评价进行总评并提出改进建议。 （1）课堂考核：考核出勤、学习态度、课堂纪律、小组合作与展示等情况。 （2）作业考核：考核工作页的完成情况、课后练习等情况。 （3）阶段考核：纸笔测试、实操测试、口述测试。 2. 终结性考核 学生根据任务情境中的要求，按照作业规范，在规定时间内完成中央空调系统调试任务，达到系统规定的性能标准；教师按任务要求进行考核，并提前准备好考核所需的工具、材料、设备和资料等。 考核任务案例：中央空调系统性能参数测定与调整。 情境描述 某用户需要对中央空调通风系统调试，现安排在规定的时限内完成此任务。 任务要求 根据任务的情境描述，在 90min 内完成： （1）写出中央空调通风系统测定与调整前的准备工作； （2）写出中央空调通风系统测定与调整所需要的材料、设备、工具等；

续表

教学考核要求
（3）写出调试中央空调通风系统测定与调整的关键点和相应控制措施； （4）完成中央空调通风系统测定与调整。 参考资料：完成上述任务时，可以使用所有的教学资料，如工作页、相关教材、技术手册、工具书、技术规范、技术标准、操作规程、空调器说明书等

表 6–7　中央空调系统维护保养课程标准

<table>
<tr><td>一体化课程名称</td><td>中央空调系统维护保养</td><td>基准学时/h</td><td>480</td></tr>
<tr><td colspan="4">典型工作任务描述</td></tr>
<tr><td colspan="4">中央空调系统维护保养是操作人员借助各类材料、设备、工具对中央空调系统中的制冷剂系统、通风系统、水系统进行日常维护，使其实现对物品或空间的调温、调湿、通风、洁净的有效功能控制及节能运行，以满足舒适性空调、工艺性空调的技术要求。中央空调系统维护保养涉及水、电、气等多种工种协调配合。操作人员应持有相应作业操作证。工作过程如下：
中央空调系统维护保养人员从班组长处接受中央空调系统维护任务，领取工程图纸、日常维护工艺文件、技术要求和材料；准备维护用设备、气体、工具等；检查确认设备、工具、操作现场和周围环境符合安全要求；与操作人员沟通，分析中央空调系统运行参数及性能的特点、难点及质量控制关键点，采取相应的控制措施；检查每个系统日常维护的质量，确认符合要求；进行维护前准备，实施各系统的维护作业；维护完成后进行现场清理、系统维护进行自检、缺陷返修；待中央空调系统运行符合要求后；交付检验，检验合格后填写自检记录，交付班组长进行工序流转。
在工作过程中，树立严谨的工作态度，严格按工艺文件和工作流程开展工作，注意团结协作、沟通交流和劳动保护，养成良好的职业素养；在作业过程中，严格遵守和执行岗位操作规程，安全、质量、环境及职业健康等管理制度</td></tr>
<tr><td colspan="4">工作内容分析</td></tr>
<tr><td>工作对象
（1）工作任务的领取与分析；
（2）中央空调系统工程图纸、产品说明书和日常维护文件的识读；
（3）技术交底内容的理解和掌握；
（4）质量控制措施的确定；
（5）各系统维护质量</td><td colspan="2">工具、材料、设备与资料
（1）工具：钢丝钳、活络扳手、测量工具（水平仪、温湿度测量仪器、压力传感器、精密压力表、风速仪）、万用表、绝缘表等；
（2）材料：油料（润滑油、润滑脂）、清洗剂、制冷剂、保温材料、包扎带、胶水等；
（3）设备：吊装设备（钢丝绳、轧头、卡环、链式起重机等）、移动设备；
（4）资料：图纸、产品说明书、安装施</td><td>工作要求
（1）明确工作内容、中央空调系统维护规模与设备数量、完成时间等；
（2）了解中央空调系统维护相关的信息，明确中央空调系统维护技术要求和质量标准，确认中央空调系统维护工艺；
（3）接受技术交底，明确中央空调各系统维护方法、操作顺序、质量检查方法和验收标准及特殊要求等；</td></tr>
</table>

续表

<table>
<tr><th colspan="3">工作内容分析</th></tr>
<tr><td>的检验；
（6）维护前准备，操作现场、水、电、气和周围环境的检查确认；
（7）制冷剂系统及设备（含整机、部件、阀件、管路等）的维护；
（8）水系统及设备（水泵、冷却塔、水箱、阀门、管道等）的维护；
（9）通风系统及设备（风机、阀门、风管等）的维护；
（10）中央空调系统维护质量的自检和缺陷的返修；
（11）维护后工程的交付和现场整理</td><td>工工艺文件、技术手册、工具书、技术规范、技术标准、操作规程等。
工作方法
（1）维护现场察看与清理；
（2）维护设备配备与使用方法；
（3）制冷空调设备维护测量工具的使用方法；
（4）中央空调系统维护流程的制订；
（5）维护所需要的材料准备；
（6）各系统维护质量的检验方法；
（7）制冷剂系统维护要求与方法；
（8）通风系统维护要求与方法；
（9）水系统维护要求与方法；
（10）中央空调系统维护质量检验标准。
劳动组织方式
（1）从班组长处接受工作任务，从技术人员处接受中央空调系统维护的交底；
（2）团结协作完成中央空调系统维护的作业；
（3）自检合格后将安装工程交付班组长</td><td>（4）针对质量控制关键点和特殊要求，明确相应的控制措施；
（5）按照中央空调系统维护工艺文件要求检查中央空调系统维护质量，确认符合设计条件；
（6）中央空调系统维护材料、设备、工具准备齐全，安全防护、作业环境等达到要求；
（7）维护过程中严格执行中央空调系统维护工艺文件要求，针对性措施落实到位；
（8）根据中央空调系统维护工艺文件要求，通过维护使制冷剂系统、通风系统、水系统、电气控制系统满足使用要求、重点要对易损坏的保温材料进行维护；
（9）按照中央空调系统维护质量检验标准进行自检，根据需要进行缺陷返修，准确填写自检记录；
（10）按照维护工作流程及时交付工程，按照设备、工具维护保养要求进行必要的清理、维护、保养，工作过程中注重职业素养的培养，树立严谨的工作态度，认真执行管理规定</td></tr>
<tr><th colspan="3">代表性工作任务</th></tr>
<tr><th>任务名称</th><th>任务描述</th><th>工作时间/h</th></tr>
<tr><td>换热设备清洗清扫操作</td><td>根据中央空调系统维护任务，需要维护工具与材料有钢丝钳、活络扳手、万用表、绝缘表等，清洗液、毛刷、电线及包扎材料若干，要求操作人员根据用户要求清扫中央空调系统各类换热设备，并能正常工作运行，工时为24h。
操作人员从班组长处接受中央空调系统维护任务，领取管道、材料；准备设备、制冷剂和工具等；检查确认设备、工具、作业场地和周围环境符合安全要求；检测中央空调系统运行品质，确认维护内容；进行维护前准备；针对中央空调系统维护的工艺特点及现场的情况，分析维护难点及质量控制关键点，采取相应措施，实施中央空调系统各类换热器的清扫；维护作业自检，缺陷返修；检验合格后填写维护记录，交付班组长进行工序流转</td><td>24</td></tr>
</table>

续表

任务名称	任务描述	工作时间/h
水系统及其设备维护	根据中央空调水系统维护任务，需要维护工具与材料有钢丝钳、活络扳手、测量工具、万用表、绝缘表等，润滑脂、清洗剂、管道保温材料、电线及包扎材料若干，要求操作人员根据用户要求维护好制冷空调水系统，并能正常工作运行，工时为24h。 操作人员从班组长处接受中央空调水系统维护任务，领取阀门、电线、保温材料等工具与材料；准备设备和工具等；检查确认设备、工具、作业场地和周围环境符合安全要求；检测制冷空调水系统运行品质、确认符合要求；进行维护前准备；针对检测中央空调水系统维护的工艺特点及现场的情况，分析维护难点及质量控制关键点，采取相应措施，实施中央空调系统中水系统的清洗等维护操作；维护自检，缺陷返修，交付验收；检验合格后填写维护记录，交付班组长进行工序流转	24
通风系统检查与调整操作	根据中央空调通风系统维护任务，需要维护工具与材料有钢丝钳、活络扳手、测量工具（风速仪、压力表）、万用表、绝缘表等，润滑脂、清洗剂、管道保温材料、电线及包扎材料若干，要求操作人员根据用户要求维护好中央空调通风系统，并能正常工作运行，工时为32h。 操作人员从班组长处接受中央空调通风系统维护任务，领取阀门、电线、保温材料等工具与材料；准备设备和工具等；检查确认设备、工具、作业场地和周围环境符合安全要求；检测中央空调系统运行品质、确认符合要求；进行维护前准备；针对带多风口风机盘管的运行参数的测定与运行工况的调维护的工艺特点及现场的情况，分析维护难点及质量控制关键点，采取相应措施，实施中央空调系统中通风系统（如风机、过滤网）各部件的工作状态检查与调整操作；操作自检，缺陷返修，交付验收；检验合格后填写维护记录，交付班组长进行工序流转	32
补充与回收润滑油	根据某空调设备工程公司接到的制冷系统冷冻机油的更换操作任务，需要材料为冷冻油、清洗剂、氮气若干，工具为钢丝钳、活络扳手、真空泵等，要求操作人员为用户制冷系统冷冻机油的更换操作，并能正常工作运行，工时为24h。 操作人员从班组长处接受制冷系统冷冻机油的更换操作任务，制订制冷系统冻机油的更换操作流程；准备设备、冷冻油和真空泵等工具与材料；检查确认设备、工具、作业场地和周围环境符合安全要求；检查压缩机的状态，确认符合要求；进行制冷系统冷冻机油的更换操作前准备；针对制冷系统冷冻机油的更换操作的工艺特点及安装现场的情况，分析制冷系统冷冻机油的更换操作难点及质量控制关键点，采取相应措施，实施制冷系统冷冻机油的更换操作作业，调整压缩机工作状态；检修自检，交付验收；检验合格后填写检修记录，交付班组长进行工序流转	24

续表

任务名称	任务描述	工作时间/h
补充与回收制冷剂	根据某空调设备工程公司接到的中央空调系统检修任务，需要维护工具与材料有钢丝钳、活络扳手、测量工具、万用表、绝缘表等，制冷剂、润滑脂、清洗剂，要求操作人员根据用户要求对制冷系统进行制冷剂充注操作，并能正常工作运行，工时为24h。 操作人员从班组长处接受制冷剂充注任务，领取制冷剂、氮气、洗洁精、真空泵等工具与材料；准备设备和工具等；检查确认设备、工具、作业场地和周围环境符合安全要求；检测制冷系统真空度、确认符合要求；进行制冷剂充注前准备；针对制冷系统制冷剂充注操作的工艺特点及现场的情况，分析制冷剂充注操作难点及充注量控制关键点，采取相应措施，实施制冷系统制冷剂充注操作；充注量确认自检，充注量不当进行调整；检验合格后填写充注操作记录，交付班组长进行工序流转	24
编制备品备件需求计划	某空调设备工程公司接到一商场中央空调系统厂家保修期满的备品备件需求编制计划任务，技术科编制任务文件，选用文档记录方法，要求中央空调系统运行班组按照任务文件完成备品备件需求计划编制任务，工时为24h。 中央空调系统运行班组接受操作准备任务，领取操作准备文件；确定易损件的范围及对应使用周期；编制对应备品备件的数量与需求等计划。需求计划编制完成后，交付班组长进行工序流转	24

课程目标

学习完本课程后，学生应当能够胜任中央空调系统维护等工作，并严格执行企业安全生产制度、环保管理制度，具备安全意识、质量意识、职业健康和环境保护意识，养成爱岗敬业、自主学习、沟通协调、团队合作等职业素质。职业素质如下：

（1）能清洁机器、设备、机器间、设备间；

（2）能紧固松动螺栓；

（3）能给螺栓、阀杆处涂抹润滑油、润滑脂；

（4）能维护保养风管系统中的风道（含绝热层）、风阀、风口、风管支承构件；

（5）能清洁空气处理设备的过滤网、接水盘、换热器、风机等部件；

（6）能清洁和油漆阀门构件；

（7）能清洗水过滤器、进风栅、布水器、循环水池；

（8）能清洗空气冷却式冷凝器；

（9）能润滑水泵轴承和风机轴承；

（10）能更换压力表、温度计、安全阀；

（11）能清洗冷（热）源设备的换热器；

（12）能清洗板式换热器；

（13）能检查和更换密封胶垫；

续表

课程目标		
（14）能调整皮带的张紧力和皮带轮的直线度； （15）能清洗、更换水泵与风机的轴承、叶轮、扇叶、机械密封等部件； （16）能调整、更换 V 带； （17）能调节循环水池水位； （18）能检查、维护设备电源； （19）能判断润滑油品质； （20）能将润滑油补充入压缩机； （21）能回收蒸发器和冷凝器内润滑油； （22）能更换压缩机润滑油； （23）能鉴别制冷剂种类； （24）能将制冷剂加入冷（热）源设备； （25）能用制冷剂回收装置回收制冷剂； （26）能检查并调整能量调节装置； （27）能检查维护节流装置； （28）能更换油过滤器芯（网）； （29）能维护保养加湿、减湿装置； （30）维护空气净化设备； （31）能使用除尘设备对风管内部积尘清洁； （32）能确定压缩机、辅助设备零部件的规格型号； （33）能确定易损件的种类及更换周期		
学习内容		
本课程的主要学习内容如下： （1）中央空调系统维护保养知识。中央空调系统维护中各类系统的布置安装原则，中央空调系统维护中常见问题及解决方法。 （2）维护用设备和辅助设备工作原理、使用及维护；管道加工与焊接常用工具的使用与维护。 （3）中央空调系统维护工艺及操作技能。制冷剂系统、通风系统、水系统维护流程、技术要求等。 （4）中央空调系统维护质量检验相关知识。 （5）中央空调系统维护作业安全及环境防护。中央空调系统安装设备及工具的安全操作规程；作业场地和周围环境的安全要求及劳动安全和健康相关规定		
参考性学习任务		
序号	名称	学时/h
1	冷（热）源设备的换热器维护	120

续表

序号	名称	学时/h
2	中央空调用风系统维护	130
3	中央空调用水系统维护	100
4	补充与回收润滑油	40
5	补充与回收制冷剂	60
6	编制备品备件需求计划	30

教学实施建议

1. 教学组织方式方法建议

采用行动导向的教学方法。为确保教学安全，提高教学质量，建议采用分组教学的形式（2～4人/组）；在完成工作任务的过程中，教师须加强示范与指导，注重学生职业素养和规范操作的培养。根据中央空调系统维护工艺文件要求整体机组及压缩机、风机、水泵、换热器等设备合理维护，各类管道及阀门不能泄漏、管道布置符合设计要求、保温材料与管道要密贴，不能有缝隙。

中央空调系统维护时重点学习制冷剂系统、通风系统、水系统与电气控制的压缩机、风机、水泵维护技术要求及流体输配管道与阀件的布置原则、系统集成维护注意事项、维护所用设备与工具的操作使用及维护保养要求与操作技能。

2. 教学资源配备建议

（1）教学场地。教学场地须具备良好的安全、照明和通风条件。可分为学习交流区、管道连接区、中央空调系统安装维修区、制冷空调设备及配件展示区、工具与材料存放区、压力容器存储区、教学成果发布区等，并配备相应的多媒体教学设备等。

（2）工具、材料、设备。

工具：钢丝钳、活络扳手、割管器、胀管器、测量工具（框式水平仪、千分表、平尺、钢卷尺、直角尺）、夹具、万用表、绝缘表等；

材料：铜管、焊接材料（焊条）、油料（润滑油、润滑脂）、清洗剂、制冷剂、保温材料、包扎带、胶水、氧气、乙炔等；

设备：吊装设备（钢丝绳、轧头、卡环、链式起重机等）、移动设备焊接设备（焊枪、氧气瓶、乙炔瓶）。

（3）教学资料。图纸、产品说明书、安装施工工艺文件、技术手册、工具书、技术规范、技术标准、操作规程、数字化资源等

教学考核要求

采用过程性考核和终结性考核相结合的方式。

1. 过程性考核

采用自我评价、小组互评和教师评价相结合的方式进行考核；让学生学会自我评价，教师要善于观

续表

教学考核要求
察学生的学习过程，结合学生的自我评价、小组评价进行总评并提出改进建议。 （1）课堂考核：考核出勤、学习态度、课堂纪律、小组合作与展示等情况。 （2）作业考核：考核工作页的完成情况、课后练习等情况。 （3）阶段考核：纸笔测试、实操测试、口述测试。 2. 终结性考核 学生根据任务情境中的要求，按照作业规范，在规定时间内完成任务，达到行业规定的质量标准；教师按任务要求进行考核，并提前准备好考核所需的工具、材料、设备和资料等。 考核任务案例：冷（热）源设备的换热器维护。 情境描述： 某中央空调系统需要对冷（热）源设备的换热器进行维护操作，现安排你在规定的时限内完成此任务。 任务要求 根据任务的情境描述，在 90min 内完成： （1）写出中央空调系统冷（热）源设备的组成。 （2）写出中央空调系统冷（热）源设备的换热器维护操作所需要的材料、设备、工具等。 （3）写出中央空调系统冷（热）源设备的换热器维护操作流程及质量控制的关键点和相应控制措施。 （4）完成中央空调系统冷（热）源设备的换热器维护操作。 参考资料：完成上述任务时，可以使用所有的教学资料，如工作页、相关教材、技术手册、工具书、技术规范、技术标准、操作规程、空调器说明书等

表 6-8　中央空调电气控制系统检修与维护课程标准

一体化课程名称	中央空调电气控制系统检修与维护	基准学时/h	240
典型工作任务描述			
中央空调电气控制系统检修与维护是操作人员借助各类材料、设备、工具对中央空调系统的电气设备、自动控制设备、变频器及 PLC 等进行检修或常见故障分析与处理，确保中央空调系统实现对空间的调温、调湿、通风、洁净等功能的有效控制及节能运行，以满足舒适性空调、工艺性空调的技术要求。操作人员应持有相应特种作业操作证。工作过程如下： 中央空调检修人员从班组长处接受中央空调电气控制系统检修与维护任务，领取工程图纸、检修工艺文件、技术要求和材料；准备检修用设备、工具等；检查确认设备、工具、检修现场和周围环境符合安全要求；分析中央空调系统运行参数、性能的特点、难点及质量控制关键点，采取相应的控制措施；察看各系统出现的异常现象，分析各类现象产生的原因，提出检修方案；进行检修前准备，实施中央空调电气控制系统检修与维护作业；检修完成后进行现场清理、系统检修进行自检、缺陷返修；待中央空调系统运行符合要求后；交付检验，检验合格后填写自检记录，交付班组长进行工序流转。			

续表

<table>
<tr><th colspan="3">典型工作任务描述</th></tr>
<tr><td colspan="3">在工作过程中，树立严谨的工作态度，严格按工艺文件和工作流程开展工作，注意团结协作、沟通交流和劳动保护，养成良好的职业素养；在作业过程中，严格遵守和执行岗位操作规程，安全、质量、环境及职业健康等管理制度</td></tr>
<tr><th colspan="3">工作内容分析</th></tr>
<tr><td>工作对象
（1）工作任务的领取与分析；
（2）中央空调电气控制系统工程图纸、变频器和 PLC 说明书及程序的识读；
（3）现场勘察，与中央空调系统操作人员的沟通，任务目标与工作要求的明确；
（4）项目任务书的解读、检修计划的制订；
（5）检修前的准备，包括工量具、仪器仪表和材料准备；
（6）安全防护措施的设置，变频器与 PLC 控制电路故障分析与处理、设备的自检；
（7）检修后工程的交付和现场整理</td><td>工具、材料、设备与资料
（1）工具：电工常用工具（1 套）、仪表（钳形电流表、兆欧表、转速表）等；
（2）材料：各种规格导线、冷压端子、号码笔、扎带、热缩管、控制器件、保护器件、劳保用品、安全警示设施等；
（3）设备：变频器、可编程控制器等电路控制设备；
（4）资料：图纸、产品说明书、施工工艺文件、检修档案、电工手册、工具书、技术规范、技术标准、电气安全操作规程等。
工作方法
（1）检修现场察看与清理；
（2）检修设备配备及使用方法；
（3）产品说明书及资料查阅方法；
（4）相关信息与程序的检索方法；
（5）变频器与 PLC 控制电路常见故障分析与处理方法（测量法、排除法、替换法）；
（6）中央空调电气控制系统检修护质量检验标准。
劳动组织方式
（1）从班组长处接受工作任务，从技术人员处接受变频器与 PLC 控制电路检修的交底；
（2）团结协作完成变频器与 PLC 控制电路检修的作业；
（3）自检合格后将检修项目交付班组长</td><td>工作要求
（1）能阅读检修任务书，明确任务的工时、质量、安全等要求；
（2）能获取、查阅设备出厂资料和检修档案，识读电气控制原理图和 PLC 控制程序，熟悉中央空调系统控制功能与性能指标；
（3）能完成现场勘察，与中央空调系统操作人员进行沟通，了解故障现象，明确检修任务和工作要求；
（4）能根据 PLC 变频控制的检修规范编制完整的检修方案；
（5）能根据检修方案准备元器件清单、耗材清单及工具清单；
（6）能设置安全防护措施，自主学习和应用 PLC 变频控制系统中新设备、新技术，综合分析故障情况，进行故障诊断和排除，对恢复正常的中央空调电气控制系统通电试运行，自检设备、根据需要进行缺陷返修，准确填写自检记录；
（7）按照检修工作流程及时交付工程，按照设备、工具维护保养要求进行必要的清理、维护、保养，工作过程中注重职业素养的培养，树立严谨的工作态度，认真执行管理规定</td></tr>
</table>

续表

代表性工作任务		
任务名称	任务描述	工作时间/h
电气控制系统检查与维护操作	根据中央空调电气控制系统工作状态维护任务，需要维护工具与材料有钢丝钳、活络扳手、测量工具（各类数据检测）、万用表、绝缘表等，电线及包扎材料若干，要求操作人员根据用户要求进行中央空调电气控制系统工作状态检查与维护操作，并能正常工作运行，工时为20h。 操作人员从班组长处接受中央空调电气控制系统工作状态维护任务，领取各类数据检测工具与设备；准备设备和工具等；检查确认设备、工具、作业场地和周围环境符合安全要求；检测中央空调电气控制系统工作状态、确认符合要求；进行维护前准备；针对中央空调电气控制系统工作状态检查与维护操作的工艺要求及现场的情况，分析维护难点及质量控制关键点，采取相应措施，实施中央空调电气控制系统工作状态检查与维护操作；操作自检，缺陷返修，交付验收；检验合格后填写维护记录，交付班组长进行工序流转	20
处理电气控制系统故障	根据某空调设备工程公司接到的中央空调电气控制系统故障检修任务，需要检修工具与材料有钢丝钳、活络扳手、测量工具（各类数据检测）、万用表、绝缘表等，电线及包扎材料若干，要求操作人员根据现场故障情况进行中央空调电气控制系统的故障处理，并能正常工作运行，工时为20h。 操作人员从班组长处接受电气控制系统故障处理任务，领取各类数据检测工具与设备；准备设备和工具等；检查确认设备、工具、作业场地和周围环境符合安全要求；检测中央空调系统电气控制电路、确认符合要求；进行检修前准备；针对检测和电气控制系统故障处理的工艺要求及现场的情况，分析电气控制故障处理操作的难点及质量控制关键点，采取相应措施，实施中央空调电气控制系统故障处理操作；操作后自检，缺陷返修，交付验收；检验合格后填写检修记录，交付班组长进行工序流转	20
检修PLC变频控制系统设备	根据空调公司接到的中央空调系统PLC变频控制系统设备检修任务，需要维护工具与材料有钢丝钳、活络扳手、测量工具、万用表、绝缘表等，电线及包扎材料若干，要求操作人员根据用户要求检修好制冷系统，并能正常工作运行，工时为32h。 操作人员从班组长处接受检修PLC变频控制系统任务，通过阅读工程设计图纸与设备说明书，与设备操作人员沟通，了解中央空调系统运行功能要求，确定检修方案，领取电线等工具与材料；准备设备和工具等；检查确认设备、工具、作业场地和周围环境符合安全要求；对变频器与可编程控制器设备进行检测、确认电气控制系统存在的问题；对存在的问题进行分析处理，实施PLC变频控制系统检修操作；检修后自检，发现问题进行调整；检验合格后填写检修操作记录，交付班组长进行工序流转	32

续表

任务名称	任务描述	工作时间/h
处理 PLC 变频控制系统故障	根据空调公司接到的中央空调系统 PLC 变频控制系统设备故障处理任务，需要维修工具与材料有钢丝钳、活络扳手、测量工具（各类数据检测）、万用表、绝缘表等，电线及包扎材料若干，要求操作人员根据用户要求分析、诊断和处理 PLC 变频控制系统故障，并能使其正常工作运行，工时为 32h。 操作人员从班组长处接受分析诊断和处理 PLC 变频控制故障任务，通过阅读任务单，与设备操作人员沟通，了解故障现象，初步分析、诊断故障范围，根据单领取各类电器数据检测工具与设备；准备设备和工具等；检查确认设备、工具、作业场地和周围环境符合安全要求；检测中央空调系统运行状态、确认符合要求；进行检修前准备；针对分析诊断和处理变频器与可编程控制电路故障的工艺要求及现场的情况，分析检修难点及质量控制关键点，采取相应措施，实施中央空调系统中分析诊断和处理 PLC 变频控制故障；检修后自检，缺陷返修，交付验收；检验合格后填写检修记录，交付班组长进行工序流转	32
处理网络控制系统故障	根据某空调设备工程公司接到的中央空调网络控制系统故障检修任务，需要检修工具与材料有钢丝钳、活络扳手、测量工具（各类数据检测）、万用表、绝缘表等，电线及包扎材料若干，要求操作人员根据现场故障情况进行中央空调网络控制系统的故障处理，并能正常工作运行，工时为 20h。 操作人员从班组长处接受中央空调网络控制系统故障处理任务，领取各类数据检测工具与设备；准备设备和工具等；检查确认设备、工具、作业场地和周围环境符合安全要求；检测中央空调网络控制系统电路、确认符合要求；进行检修前准备；针对检测和网络控制系统故障处理的工艺要求及现场的情况，分析网络控制故障处理操作的难点及质量控制关键点，采取相应措施，实施中央空调网络控制系统故障处理操作；操作后自检，缺陷返修，交付验收；检验合格后填写检修记录，交付班组长进行工序流转	20

课程目标
学习完本课程后，学生应当能够胜任中央空调系统电气控制系统故障处理和维护保养等工作，并严格执行企业安全生产制度、环保管理制度，具备安全意识、质量意识、职业健康和环境保护意识，养成爱岗敬业、自主学习、沟通协调、团队合作等职业素质。职业素质如下： （1）能读懂中央空调系统电气控制系统设计与施工图纸和工艺文件，明确工作任务、技术要求和质量标准。

续表

课程目标		
（2）能通过技术交底和有效沟通明确中央空调系统电气控制系统检修流程、满足用户技术要求和质量标准。 （3）能通过 PLC 变频控制系统故障分析与检修工艺文件确认设备质量符合要求、预防措施到位。 （4）能根据 PLC 变频控制系统故障分析与检修工艺文件完成检修前准备工作，并确认作业场地和周围环境达到劳动安全和职业健康要求。 （5）能按要求使用设和工具，严格执行中央空调系统检修工艺文件，完成各 PLC 变频控制系统故障分析与检修；检修过程中能采取有效措施预防和减少 PLC 变频控制系统故障分析与检修产生的缺陷、要求制冷系统检修后性能满足用户要求、避免检修产生的不良等现象。 （6）能按要求进行 PLC 变频控制系统设备的清理、自检；能依据返修通知单及返修工艺文件进行 PLC 变频控制系统检修缺陷返修；能填写自检记录表。 （7）能与相关人员进行有效沟通，获取解决问题的方法和措施，解决工作过程中的常见问题。 （8）能对设备和工具等进行日常维护和保养		
学习内容		
本课程的主要学习内容包括： （1）可编程序控制器及其应用知识。 （2）网络控制系统应用技术知识。 （3）电气检修设备与工具使用知识。 （4）电气控制系统故障分析与检修知识。中央空调系统用电气控制设备安装中各类系统的布置安装原则，中央空调系统用电气控制设备应用中常见问题及解决方法。 （5）中央空调系统电气控制系统检修工艺及操作技能。中央空调系统电气控制系统故障分析方法、故障检修的流程、技术要求等。 （6）中央空调系统电气控制系统检修质量检验相关知识。 （7）中央空调系统电气控制系统检修作业安全及环境防护。中央空调系统电气控制系统检修设备及工具的安全操作规程；作业场地和周围环境的安全要求；检修操作劳动安全和健康相关规定		
参考性学习任务		
序号	名称	学时/h
1	电气控制系统检查与维护操作	60
2	处理电气控制系统故障	60
3	检修 PLC 变频控制系统设备	60
4	处理 PLC 变频控制系统故障	30
5	处理网络控制系统故障	30

续表

教学实施建议
1. 教学组织方式方法建议 采用行动导向的教学方法。为确保教学安全，提高教学质量，建议采用分组教学的形式（2～4 人/组）；在完成工作任务的过程中，教师须加强示范与指导，注重学生职业素养和规范操作的培养。根据中央空调电气控制系统故障分析与检修工艺文件，要求中央空调电气控制系统故障分析与检修合理检修，中央空调电气控制系统设备安装与线路布置符合设计要求、接线不能错误。 中央空调电气控制系统故障分析与检修时重点学习电工与电子、自动控制基础，可编程序控制器与变频器安装与故障分析方法及其处理、检修技术要求检修注意事项、检修所用设备与工具的操作使用及检修要求与操作技能。 2. 教学资源配备建议 （1）教学场地。教学场地须具备良好的安全、照明和通风条件。可分为学习交流区、管道连接区、中央空调系统安装维修区、中央空调设备及配件展示区、工具与材料存放区、压力容器存储区、教学成果发布区等，并配备相应的多媒体教学设备等。 （2）工具、材料、设备。 工具：钢丝钳、活络扳手、割管器、胀管器、测量工具（框式水平仪、千分表、平尺、钢卷尺、直角尺）、夹具、万用表、绝缘表等； 材料：铜管、焊接材料（焊条）、油料（润滑油、润滑脂）、清洗剂、制冷剂、保温材料、包扎带、胶水、氧气、乙炔等； 设备：吊装设备（钢丝绳、轧头、卡环、链式起重机等）、移动设备焊接设备（焊枪、氧气瓶、乙炔瓶）。 （3）教学资料。图纸、产品说明书、检修施工工艺文件、技术手册、工具书、技术规范、技术标准、操作规程、数字化资源等
教学考核要求
采用过程性考核和终结性考核相结合的方式。 1. 过程性考核 采用自我评价、小组互评和教师评价相结合的方式进行考核；让学生学会自我评价，教师要善于观察学生的学习过程，结合学生的自我评价、小组评价进行总评并提出改进建议。 （1）课堂考核：考核出勤、学习态度、课堂纪律、小组合作与展示等情况。 （2）作业考核：考核工作页的完成情况、课后练习等情况。 （3）阶段考核：纸笔测试、实操测试、口述测试。 2. 终结性考核 学生根据任务情境中的要求，按照作业规范，在规定时间内完成中央空调系统检修任务，达到行业规定的质量标准；教师按任务要求进行考核，并提前准备好考核所需的工具、材料、设备和资料等。 考核任务案例：中央空调系统各设备的联锁安全保护（中级工）。 情境描述 某用户需要对中央空调系统各设备的联锁安全保护操作，现安排在规定的时限内完成此任务。

续表

教学考核要求
任务要求 根据任务的情境描述，在 90min 内完成： （1）写出中央空调系统各设备的联锁安全保护操作前的准备工作。 （2）写出中央空调系统各设备的联锁安全保护操作所需要的材料、设备、工具等。 （3）写出中央空调系统各设备的联锁安全保护操作流程及质量控制的关键点和相应控制措施。 （4）完成中央空调系统各设备的联锁安全保护操作。 参考资料：完成上述任务时，可以使用所有的教学资料，如工作页、相关教材、技术手册、工具书、技术规范、技术标准、操作规程、空调器说明书等

表 6–9　中央空调系统故障检修课程标准

一体化课程名称	中央空调系统故障检修	基准学时/h	440
典型工作任务描述			
中央空调系统检修是操作人员借助各类材料、设备、工具对中央空调系统中的制冷剂系统、通风系统、水系统进行故障分析与处理，使中央空调系统恢复实现对物品或空间的调温、调湿、通风、洁净的功能及节能运行，以满足舒适性空调、工艺性空调的技术要求。中央空调系统检修涉及水、电、气等多种工种协调配合。操作人员应持有相应特种作业操作证。工作过程如下： 中央空调检修人员从班组长处接受中央空调系统检修任务，领取工程图纸、检修工艺文件、技术要求和材料；准备检修用设备、气体、工具等；检查确认设备、工具、检修现场和周围环境符合安全要求；分析中央空调系统运行参数、性能的特点、难点及质量控制关键点，采取相应的控制措施；察看各系统出现的异常现象，分析各类现象产生的原因，提出检修方案；进行检修前准备，实施中央空调系统的故障检修作业；检修完成后进行现场清理、系统检修进行自检、缺陷返修；待中央空调系统运行符合要求后；交付检验，检验合格后填写自检记录，交付班组长进行工序流转。 在工作过程中，树立严谨的工作态度，严格按工艺文件和工作流程开展工作，注意团结协作、沟通交流和劳动保护，养成良好的职业素养；在作业过程中，严格遵守和执行岗位操作规程，安全、质量、环境及职业健康等管理制度			
工作内容分析			
工作对象 （1）工作任务的领取与分析； （2）中央系统工程图	**工具、材料、设备与资料** （1）工具：钢丝钳、活络扳手、测量工具（水平仪、温湿度测量仪器、压力传感器、精密压力表、风速仪）、万用	**工作要求** （1）明确工作内容、中央空调系统故障现象、检修规模与设备数量、完成时间等；	

续表

工作内容分析		
纸、产品说明书和检修文件的识读； （3）技术交底内容的理解和掌握； （4）质量控制措施的确定； （5）各类常见故障分析与处理的方法及质量的检验； （6）检修前准备，操作现场、水、电、气和周围环境的检查确认； （7）中央空调系统的制冷剂系统及设备（含整机、部件、阀件、管路等）的检修； （8）水系统及设备（水泵、冷却塔、水箱、阀门、管道等）的检修； （9）通风系统及设备（风机、阀门、风管等）的检修； （10）中央空调系统检修质量的自检和缺陷的返修； （11）检修后工程的交付和现场整理	表、绝缘表等； （2）材料：油料（润滑油、润滑脂）、清洗剂、制冷剂、保温材料、包扎带、胶水等； （3）设备：吊装设备（钢丝绳、轧头、卡环、链式起重机等）、移动设备； （4）资料：图纸、产品说明书、安装施工工艺文件、技术手册、工具书、技术规范、技术标准、操作规程等。 **工作方法** （1）检修现场察看与清理； （2）检修设备配备及使用方法； （3）中央空调设备检修工具的使用方法； （4）中央空调系统故障诊断分析与检修流程的制订； （5）检修所需要的材料准备； （6）各系统检修质量的检验方法； （7）制冷剂系统检修要求与方法； （8）通风系统检修要求与方法； （9）水系统检修要求与方法； （10）中央空调系统检修护质量检验标准。 **劳动组织方式** （1）从班组长处接受工作任务，从技术人员处接受中央空调系统检修的交底； （2）团结协作完成中央空调系统检修的作业； （3）自检合格后将检修工程交付班组长	（2）了解中央空调系统故障相关的信息，明确中央空调系统检修技术要求和质量标准，确认中央空调系统检修方案； （3）接受技术交底，明确中央空调各系统检修方法、操作顺序、质量检查方法和验收标准及特殊要求等； （4）针对质量控制关键点和特殊要求，明确相应的控制措施； （5）按照中央空调系统检修工艺文件要求检查中央空调系统检修质量，确认符合设计条件； （6）中央空调系统检修材料、设备、工具准备齐全，安全防护、作业环境等达到要求； （7）检修过程中严格执行中央空调系统检修工艺文件要求，针对性措施落实到位； （8）根据中央空调系统故障现象与检修方案要求，通过检修使制冷剂系统、通风系统、水系统、电气控制系统满足使用要求、重点要对易损坏的零部件及材料进行更换及修理； （9）按照中央空调系统检修质量检验标准进行自检，根据需要进行缺陷返修，准确填写自检记录； （10）按照检修工作流程及时交付工程，按照设备、工具维护保养要求进行必要的清理、维护、保养，工作过程中注重职业素养的培养，树立严谨的工作态度，认真执行管理规定

续表

代表性工作任务		
任务名称	任务描述	工作时间/h
处理冷（热）源设备故障	根据某空调设备工程公司接到的中央空调冷热源设备故障检修任务，需要故障检修的工具与材料有钢丝钳、活络扳手、真空泵、测量工具、万用表、绝缘表等，制冷剂、氮气、润滑脂、清洗剂、包扎材料若干，要求操作人员根据用户要求进行冷热源设备故障检修，并保证正常工作运行，工时为80h。 操作人员从班组长处接受中央空调冷热源设备故障检修任务，领取拆装工具与材料；准备压缩机零部件等设备和工具等；检查确认设备、工具、作业场地和周围环境符合安全要求；检测压缩机的工作状态、确认符合检修要求；进行中央空调冷热源设备故障（如油压过低、能调机构失灵等）检修前准备；针对中央空调冷热源设备故障检修完成的工艺特点及现场的情况，分析中央空调冷热源设备故障检修的拆装难点及质量控制关键点，采取相应措施，实施中央空调冷热源设备故障分析与检修；检修后自检，缺陷返修，交付验收；检验合格后填写检修记录，交付班组长进行工序流转	80
处理空气处理系统故障	根据某空调设备工程公司接到的通风系统故障分析与处理的任务，通风系统为带冷水机组集中式空调系统，需要检修工具与材料有钢丝钳、活络扳手、测量工具（风速仪、压力表）、万用表、绝缘表、润滑脂、清洗剂等，要求操作人员为通风系统进行故障分析与处理，并能正常工作运行，工时为40h。 操作人员从班组长处接受通风系统故障分析与处理任务，领取通风系统相关阀件等工具与材料；准备检修设备和工具等；检查确认设备、工具、作业场地和周围环境符合安全要求；检查通风系统故障（如风机不转等）情况；进行通风系统故障分析与处理前准备；针对通风系统故障分析与处理的工艺特点及安装现场的情况，分析通风系统故障分析与处理难点及质量控制关键点，采取相应措施，实施通风系统故障分析与处理操作作业，通电运行及运行参数调整；检修自检，交付验收；检验合格后填写检修记录，交付班组长进行工序流转	40
处理水管系统及辅助设备故障	根据某空调设备工程公司接到的水系统故障分析与处理任务，制冷系统为冷水机组制冷机组，需要水系统故障分析与处理的工具与材料有钢丝钳、活络扳手、测量工具、万用表、绝缘表等，包扎材料若干，要求操作人员根据用户要求进行水系统故障分析与处理，并保证正常工作运行，工时为40h。 操作人员从班组长处接受水系统故障分析与处理任务，领取水系统相关阀件等工具与材料；准备水系统检修等设备和工具等；检查确认设	40

续表

任务名称	任务描述	工作时间/h
处理水管系统及辅助设备故障	备、工具、作业场地和周围环境符合安全要求；检测制冷空调水系统的运行现状、确认符合要求；进行水系统（如冷却塔冷却能力不够等）故障分析与处理前准备；针对水系统故障分析情况及其检修处理等操作的工艺特点及现场的情况，分析水系统故障分析与处理难点及质量控制关键点，采取相应措施，实施水系统故障分析与处理；检修后自检，缺陷返修，交付验收；检验合格后填写检修记录，交付班组长进行工序流转	40
处理输配系统故障	根据某空调设备工程公司接到的输配系统故障检修任务，需要故障检修的工具与材料有钢丝钳、活络扳手、测量工具、万用表、绝缘表等，氮气、润滑脂、清洗剂、包扎材料若干，要求操作人员根据用户要求进行输配系统故障检修，并保证正常工作运行，工时为32h。 操作人员从班组长处接受输配系统故障检修任务，领取拆装工具与材料；准备零部件等设备和工具等；检查确认设备、工具、作业场地和周围环境符合安全要求；检测中央空调系统的工作状态、确认符合检修要求；进行输配系统故障（如风系统失衡、水系统失衡等）检修前准备；针对输配系统故障检修完成的工艺特点及现场的情况，分析输配系统故障检修的拆装难点及质量控制关键点，采取相应措施，实施输配系统故障分析与检修；检修后自检，缺陷返修，交付验收；检验合格后填写检修记录，交付班组长进行工序流转	32

课程目标
学习完本课程后，学生应当能够胜任中央空调系统故障分析与检修等工作，并严格执行企业安全生产制度、环保管理制度，具备安全意识、质量意识、职业健康和环境保护意识，养成爱岗敬业、自主学习、沟通协调、团队合作等职业素质。职业素质如下： （1）能读懂中央空调系统设计与施工图纸和工艺文件，明确工作任务、技术要求和质量标准。 （2）能通过技术交底和有效沟通明确中央空调系统故障分析方法、中央空调系统检修流程、满足用户技术要求和质量标准。 （3）能通过中央空调系统故障分析与检修工艺文件确认设备质量符合要求、预防措施到位。 （4）能根据中央空调系统故障分析与检修工艺文件完成检修前准备工作，并确认作业场地和周围环境达到劳动安全和职业健康要求。 （5）能按要求使用设备和工具，严格执行中央空调系统检修工艺文件，完成各中央空调系统故障分析与检修；检修过程中能采取有效措施预防和减少中央空调系统故障分析与检修产生的缺陷、要求中央空调系统检修后性能满足用户要求、避免检修产生的不良等现象。 （6）能按要求进行中央空调系统检修处的清理、自检、中央空调系统检修缺陷的返修；能依据返修通知单及返修工艺文件进行中央空调系统检修缺陷返修；能填写自检记录表。 （7）能与相关人员进行有效沟通，获取解决问题的方法和措施，解决工作过程中的常见问题。 （8）能对设备和工具等进行日常维护和保养

续表

学习内容		
本课程的主要学习内容如下： （1）检修设备与工具使用知识。 （2）中央空调系统故障分析与检修知识。中央空调系统检修中各类系统的布置原则，中央空调系统检修中常见问题及解决方法。 （3）检修用设备和辅助设备工作原理、使用及维护；管道加工与焊接常用工具的使用与维护。 （4）中央空调系统检修工艺及操作技能。中央空调系统故障分析方法、制冷剂系统、通风系统、水系统等故障检修的流程、技术要求等。 （5）中央空调系统检修质量检验相关知识。 （6）中央空调系统检修作业安全及环境防护。中央空调系统检修设备及工具的安全操作规程；作业场地和周围环境的安全要求；检修操作劳动安全和健康相关规定		
参考性学习任务		
序号	名称	学时/h
1	处理冷（热）源设备故障	150
2	处理空气处理系统故障	100
3	处理水管系统及辅助设备故障	100
4	处理输配系统故障	90
教学实施建议		
1. 教学组织方式方法建议 采用行动导向的教学方法。为确保教学安全，提高教学质量，建议采用分组教学的形式（2～4人/组）；在完成工作任务的过程中，教师须加强示范与指导，注重学生职业素养和规范操作的培养。根据中央空调系统检修工艺文件要求中央空调系统及压缩机、风机、水泵、换热器等设备合理检修，各类管道及阀门检修后不能泄漏、管道布置符合设计要求、保温材料与管道要密贴不能有缝隙；中央空调系统检修时重点学习制冷剂系统、通风系统、水系统的压缩机、风机、水泵故障分析方法及其处理、检修技术要求检修注意事项、检修所用设备与工具的操作使用及检修要求与操作技能。 2. 教学资源配备建议 （1）教学场地。教学场地须具备良好的安全、照明和通风条件。可分为学习交流区、管道连接区、中央空调系统安装维修区、制冷空调设备及配件展示区、工具与材料存放区、压力容器存储区、教学成果发布区等，并配备相应的多媒体教学设备等。 （2）工具、材料、设备。 工具：钢丝钳、活络扳手、割管器、胀管器、测量工具（框式水平仪、千分表、平尺、钢卷尺、直角尺）、夹具、万用表、绝缘表等； 材料：铜管、焊接材料（焊条）、油料（润滑油、润滑脂）、清洗剂、制冷剂、保温材料、包扎带、胶水、氧气、乙炔等； 设备：吊装设备（钢丝绳、轧头、卡环、链式起重机等）、移动设备焊接设备（焊枪、氧气瓶、乙炔瓶）。 （3）教学资料。图纸、产品说明书、检修施工工艺文件、技术手册、工具书、技术规范、技术标准、操作规程、数字化资源等		

续表

教学考核要求
采用过程性考核和终结性考核相结合的方式。 1. 过程性考核 采用自我评价、小组互评和教师评价相结合的方式进行考核；让学生学会自我评价，教师要善于观察学生的学习过程，结合学生的自我评价、小组评价进行总评并提出改进建议。 （1）课堂考核：考核出勤、学习态度、课堂纪律、小组合作与展示等情况。 （2）作业考核：考核工作页的完成情况、课后练习等情况。 （3）阶段考核：纸笔测试、实操测试、口述测试。 2. 终结性考核 学生根据任务情境中的要求，按照作业规范，在规定时间内完成中央空调系统检修任务，达到行业规定的质量标准；教师按任务要求进行考核，并提前准备好考核所需的工具、材料、设备和资料等。 考核任务案例：中央空调冷冻水系统水力失衡故障处理（技师）。 情境描述 某用户需要对中央空调的冷冻水系统进行水力失衡故障处理，现安排在规定的时限内完成此任务。 任务要求 根据任务的情境描述，在 90min 内完成： （1）描述造成冷冻水系统水力失衡的基本原因、冷冻水系统水力平衡方法。 （2）描述冷冻水系统水力失衡故障处理操作前的准备工作。 （3）描述冷冻水系统水力失衡故障处理所需要的材料、设备、工具等。 （4）描述冷冻水系统水力失衡故障处理操作流程及质量控制的关键点和相应控制措施。 （5）描述冷冻水系统水力失衡故障处理过程，填写故障处理记录。 参考资料：完成上述任务时，可以使用所有的教学资料，如工作页、相关教材、技术手册、工具书、技术规范、技术标准、操作规程、空调器说明书等

表 6-10　中央空调系统运行管理课程标准

一体化课程名称	中央空调系统运行管理	基准学时/h	300
典型工作任务描述			
中央空调系统运行管理包括中央空调系统运行与中央空调系统管理两个方面，其中中央空调系统运行包括对中央空调系统进行操作与调整、维护保养与故障处理等内容，而中央空调系统管理则包括人员管理、设备管理与运行管理等内容。中央空调系统运行操作员应持有对应国家职业资格证书。 工作过程如下： 中央空调系统运行操作员从班组长处接受中央空调系统运行任务，领取运行日志，进行运行前准备工作，检查正常之后严格按照操作流程进行开机与运行操作，开机后进行巡检，发现故障及时进行处理，正常运行至停机，填写运行日志，交付班组长进行交班。定期进行维护保养。 在工作过程中，树立严谨的工作态度，严格按照操作规程开展工作，注重团结合作、沟通交流和劳动保护，养成良好的职业素养；在作业过程中，严格遵守并执行岗位操作规程，安全、质量、环境及职业健康等管理制度以及“6S”管理规定			

续表

工作内容分析		
工作对象 （1）中央空调系统运行规范和标准查阅与应用分析； （2）中央空调系统运行安全操作规程制订； （3）中央空调企业内部的管理； （4）中央空调系统运行操作现场质量管理； （5）中央空调系统运行项目成本核算管理； （6）实施中央空调系统运行节能管理； （7）撰写考察、测试、技术、实验等报告	**工具、材料、设备与资料** （1）工具：管理用工具、实操用设备与工具等； （2）材料：实操用的材料（管材、焊接材料、氮气、制冷剂等）、管理用材料（记号笔、磁贴、标签纸等）； （3）设备：管理用设施、网络设备、依据管理内容需配置的安装维修设备等； （4）资料：图纸、产品说明书、中央空调系统运行安全操作工艺文件、技术手册、工具书、技术规范、技术标准、操作规程、产品说明书等。 **工作方法** （1）中央空调系统技术规范和标准的查阅方法； （2）技术文件与各类报告撰写方法； （3）项目成本核算与定额方法； （4）中央空调系统技术评定方法； （5）中央空调系统运行质量分析与管理方法。 **劳动组织方式** （1）能协助完成中央空调系统运行安全操作规程与制订； （2）能参与中央空调系统运行现场质量管理； （3）能进行中央空调系统运行项目成本核算管理； （4）能实施中央空调系统运行检修工艺改进； （5）能撰写考察、测试、技术、实验等报告	**工作要求** （1）了解中央空调运行企业管理的内容与要求； （2）及时发现和纠正中央空调系统运行操作员违规操作、作业流程错误等问题，消除安全隐患； （3）进行项目立项准备、项目的预期目标及可行性分析、项目预算及报批、验收； （4）根据操作规程、作业流程，编写中央空调系统运行操作工及质量控制措施； （5）检查中央空调系统运行操作员规范、安全作业习惯的养成和维修技术的提升情况，并做好记录； （6）分析中央空调系统运行操作质量对中央空调系统工作性能的影响，根据中央空调系统运行性能提出改进工艺的措施； （7）撰写测试、实验、技术、考察及总结报告

代表性工作任务		
任务名称	**任务描述**	**工作时间/h**
运行管理	学院图书馆中央空调系统在全工作周期内都要进行管理，要求中央空调系统运行操作员操作班组进行中央空调系统管理任务，工时 32h。 中央空调系统运行操作员从班组长处接受工作任务，进行管理。任务完成后进行总结分析，形成书面报告，提交相交技术负责人员审核中央空	32

续表

任务名称	任务描述	工作时间/h
设备管理	调系统运行操作员对某中央空调系统的运行管理时，也需对中央空调系统的设备进行管理，包括制冷设备、空气处理设备、流体输送设备等。 为确保中央空调系统正常运转，必须保证中央空调系统每个设备运行是正常的。要求对中央空调各组成部分的工艺流程，不同情况条件下的正常运行参数，工时 24h。 任务完成后进行总结分析，形成书面报告，提交相交技术负责人员审核	24
环境保护管理	对环境所造成的污染与破坏，并且尽我们的所能去优化中央空调系统的设计以及加强中央空调系统的运行管理，使其对环境的污染与破坏减少至最小，从而保护我们的生存环境。工时 24h。 任务完成后进行总结分析，形成书面报告，提交相交技术负责人员审核	24
节能管理	中央空调系统在运行管理中存在诸多问题，导致空调效果不理想、运行成本高、事故和故障多、设备使用寿命短、系统运行不正常。为响应国家“节能减排，建设节约型社会”的号召，作为中央空调系统运行操作更要对中央空调系统的节能运行管理重视。工时 24h。 中央空调系统运行操作，根据掌握运行中调节技术、懂得常用测量仪表的使用、调定，懂得系统中安全保护装置的作用，额定安全值及调整方法，及时了解和分析中央空调系统性能等工作状况，查阅相关技术规范与标准，编制中央空调系统节能管理与检定方案，突出中央空调系统节能管理的应用、技术规范、操作流程的细节、关键点及实际操作的技巧，强调操作过程中的注意事项； 任务完成后进行总结分析，形成书面报告，提交相交技术负责人员审核	24
课程目标		
学习完本课程后，学生应当能够胜任中央空调系统运行、管理、运行现场指导与技能培训等工作任务，具备安全意识、质量意识、职业健康与环境保护意识以及敬业爱岗、自主学习、沟通协调、团结协作，独立分析和解决问题、创新改进等职业素养，创新改进等职业素质。职业素质如下： （1）能根据技术规范和相关管理制度，及时发现和纠正中央空调系统操作管理人员违规操作、作业流程错误等问题，消除安全隐患，确保安装维修质量。 （2）能编制中央空调系统运行的操作规程、作业流程；能按照岗位工作职责的要求，分析、解答中央空调系统操作人员在作业过程中遇到的技术疑难问题。 （3）能针对中央空调系统操作作业过程中普遍存在的问题进行成因分析，对新技术、新材料、新设备、新工艺进行技术分析与评价。 （4）能根据企业项目需要，实施现场检查，编制中央空调项目的考察、调试、技术报告。 （5）能根据企业项目需要，实施现场检查，编制中央空调项目的中央空调系统检修质量、故障诊断评定报告。 （6）能采取有效的方法，分析中央空调技术管理中存在的问题，提出改进建议，撰写总结报告		

续表

<table>
<tr><th colspan="3">学习内容</th></tr>
<tr><td colspan="3">本课程的主要学习内容包括：
（1）中央空调系统设备运行方案编制方法；
（2）检查空调系统的运行安全状态并编制安全隐患解决方案；
（3）编制应急准备和响应方案；
（4）建立设备台账；
（5）建立设备维修档案；
（6）提出环境保护措施；
（7）制订润滑油回收利用方案；
（8）制订中央空调系统余热利用方案；
（9）提出节能降耗措施并编制节能运行方案；
（10）能根据需要进行节能技术改造</td></tr>
<tr><th colspan="3">参考性学习任务</th></tr>
<tr><td>序号</td><td>名称</td><td>学时/h</td></tr>
<tr><td>1</td><td>中央空调系统运行管理</td><td>100</td></tr>
<tr><td>2</td><td>中央空调系统设备管理</td><td>50</td></tr>
<tr><td>3</td><td>环境保护与节能管理</td><td>100</td></tr>
<tr><td>4</td><td>应用文写作</td><td>50</td></tr>
<tr><th colspan="3">教学实施建议</th></tr>
<tr><td colspan="3">1. 教学组织方式方法建议
采用行动导向的教学方法。为确保教学安全，提高教学质量，建议采用分组教学的形式（2～4 人/组）；在完成工作任务的过程中，教师须加强示范与指导，注重学生职业素养和规范操作的培养。根据学员状况注意因材施教。
2. 教学资源配备建议
（1）教学场地。教学场地须具备良好的安全、照明和通风条件。可分为学习交流区、管道连接区、中央空调系统安装维修区、中央空调设备及配件展示区、工具与材料存放区、压力容器存储区、教学成果发布区等，并配备相应的多媒体教学设备等。
（2）工具、材料、设备。
工具：管理用工具、中央空调系统安装维修管理用工具等；
材料：中央空调系统安装维修用材料（铜管、制冷剂、氮气、保温材料等）、管理用材料（记号笔、磁贴、标签纸等）；
设备：多媒体教学设施，网络设备以及依据管理内容需配置的中央空调系统安装维修用的管理设备等。
（3）教学资料。图纸、产品说明书、制冷剂回收工艺文件、技术手册、工具书、技术规范、技术标准、操作规程、数字化资源等</td></tr>
</table>

续表

教学考核要求
采用过程性考核和终结性考核相结合的方式。 1. 过程性考核 采用自我评价、小组互评和教师评价相结合的方式进行考核；让学生学会自我评价，教师要善于观察学生的学习过程，结合学生的自我评价、小组评价进行总评并提出改进建议。 （1）课堂考核：考核出勤、学习态度、课堂纪律、小组合作与展示等情况。 （2）作业考核：考核工作页的完成情况、课后练习等情况。 （3）阶段考核：纸笔测试、实操测试、口述测试及各个任务的报告撰写质量。 2. 终结性考核 学生根据任务情境中的要求，按照作业规范，在规定时间内完成中央空调系统安装检修安全规范的编制、中央空调系统安装检修工艺流程的编制、中央空调系统技术状况技术评价报告编制、考察、调试、技术报告编制及中央空调系统检修质量、故障诊断评定报告编制的任务，达到行业规定的质量标准；教师按任务要求进行考核，并提前准备好考核所需的工具、材料、设备和资料等。 考核任务案例：中央空调系统运行方案的编制。 情境描述 某中央空调工程即将交付使用，为确保中央空调系统安全经济运行、保证供冷（暖）质量，制订科学、合理、安全的运行方案，保证空调系统高质量、高效率地运行，降低能耗、延长检修周期和使用寿命。 任务要求 根据任务的情境描述，在 90min 内完成： （1）查阅文件资料、相关规范与标准。 （2）编制中央空调系统运行方案。 参考资料：完成上述任务时，可以使用所有的教学资料，如工作页、相关教材、技术手册、工具书、技术规范、技术标准、操作规程等

表 6-11　中央空调系统培训与指导课程标准

一体化课程名称	中央空调系统培训与指导	基准学时/h	200
典型工作任务描述			
中央空调系统培训与指导是对中央空调系统运行企业从事的相关人员进行中央空调系统运行操作的流程、作业规范、技术疑难、节能改造、环境保护等方面的培训指导。培训与指导是根据培训单位的培训要求确定培训目标，组织专业人员（中央空调系统运行操作员技师）制订相应的培训方案，在规定时限内完成理论知识、操作技能培训，并完成相应的评定考核。工作过程如下： 中央空调系统运行操作员（技师）接受中央空调系统运行企业培训与指导任务后，根据任务要求，对中央空调系统运行操作项目及相关工艺文件进行分析，与现场运行操作人员沟通，提炼出培训与			

续表

典型工作任务描述		
指导所需要的相应工艺要求与实际操作技巧，采取现场讲解、示范操作等教学方式进行技术指导，以提高中央空调系统安装维修人员的良好操作与技术水平，中央空调系统运行操作员（技师）接受培训与指导任务后，了解受训人员现有技能水平，制订培训方案，编写讲义，制作培训课件，准备场地、工具、设备和材料等；按照培训方案对中央空调系统运行操作员进行培训；通过笔试测试、实操测试等方式进行考核，确保受训人员的理论知识与实际操作技能均达到培训要求。 在工作过程中，树立严谨的工作态度，严格按工艺文件和工作流程开展工作，注意团结协作、沟通交流和劳动保护，养成良好的职业素养；在作业过程中，严格遵守和执行岗位操作规程，安全、质量、环境及职业健康等管理制度		
工作内容分析		
工作对象 （1）工作任务的研究与分析； （2）中央空调系统运行操作现场管理； （3）中央空调系统运行操作现场指导； （4）培训需求的分析和培训方案的制订； （5）培训的实施； （6）培训对象的考核； （7）培训总结的撰写	**工具、材料、设备与资料** （1）工具：培训用工具、实操用设备与工具等； （2）材料：实操用的材料（管材、焊接材料、氮气、制冷剂等）、培训用材料（记号笔、磁贴、标签纸等）； （3）设备：多媒体教学设施、网络设备、依据培训内容需配置的安装维修设备等； （4）资料：图纸、产品说明书、中央空调系统安装维修工艺文件、技术手册、工具书、技术规范、技术标准、操作规程、培训资料等。 **工作方法** （1）演示法； （2）归纳法； （3）资料查阅法； （4）行动导向法。 **劳动组织方式** （1）独立向中央空调系统安装维修人员提供现场指导和集中培训； （2）独立或协作完成技能培训工作	**工作要求** （1）明确培训与指导的内容与要求； （2）及时发现和纠正中央空调系统安装维修人员违规操作、作业流程错误等问题，消除安全隐患； （3）根据操作规程、作业流程，采取现场讲解、示范操作等方式进行指导；分析、解答中央空调系统安装维修人员在作业过程中遇到的技术疑难问题； （4）了解分析受训中央空调系统安装维修工的知识、技能等基础条件和培训单位的培训目标；按照企业培训管理制度编制培训方案，完成培训讲义和培训课件的开发； （5）按照企业培训管理制度进行集中培训，在培训过程中应兼顾培训对象个体的学习基础； （6）通过纸笔测试、被实操测试等方式进行考核，确保受训制冷空调安装维修工理论知识与实际操作技能均达到培训要求；通过满意度调查等形式对培训效果进行评价，确保考核评价结果真实有效； （7）撰写培训总结，分析培训中存在的问题，提出改进建议，及时反馈

续表

代表性工作任务		
任务名称	任务描述	工作时间/h
编写高级工讲义	某制冷空调企业为进一步提升企业现有中央空调系统运行操作人员的专业理论与技能水平，提高本企业人员的技能素养，确保高质量完成技术复杂的中央空调系统安装或检修项目，为企业创造更高的经济效益；项目部请求公司安排中央空调系统运行操作员（技师）对现有的中央空调系统运行操作员中级技能人员进行高级工理论与技能集中培训。 中央空调系统运行操作员技师接受高级工理论与技能集中培训任务后，根据任务要求，研究中央空调系统运行操作员国家职业技能标准中高级工相关知识要求，以及分析培训人员的专业知识与技能水平，结合培训计划与培训课程的要求，编写出中央空调系统运行操作员高级工理论与技能的培训讲义，制作培训课件等教学资料，讲义编写要结合学员情况，突出制冷空调知识应用、技术规范、操作流程的重点与难点，确保学员理解、掌握、提高	24
编制高级工技能教案并进行指导	某制冷空调企业为进一步提升企业现有中央空调系统运行操作人员的专业理论与技能水平，提高本企业人员的技术素养，确保高质量完成技术复杂的中央空调系统安装项目，为企业创造更高的经济效益；项目部请求公司安排中央空调系统运行操作员技师对现有的中央空调系统运行操作员中级技能人员进行高级工技能集中培训与指导。 中央空调系统运行操作员技师接受高级工技能集中培训任务后，根据任务要求，研究中央空调系统运行操作员国家职业技能标准中高级工工作内容与技能要求，分析培训人员的专业知识与技能水平，结合培训计划与培训课程的要求，编写出中央空调系统运行操作员高级工的技能教案，技能教案编写要结合学员情况，突出制冷空调技术应用、技术规范、操作流程的细节、关键点及实际操作的技巧，强调操作过程中的注意事项。 中央空调系统运行操作员技师在技能培训中通过现场讲解、示范操作等方法进行指导，组织中央空调系统运行操作人员在实训场地先练习操作，直到确认中央空调系统运行操作人员作业达到良好操作的技术水平；指导任务完成后进行总结分析，形成书面报告，提交相交技术负责人员	24

续表

课程目标

学习完本课程后，学生应当能够胜任中央空调系统运行操作员的理论知识讲义、技能教案的编写及技能培训与指导等工作，并严格执行企业安全生产制度、环保管理制度，具备安全意识、质量意识、职业健康和环境保护意识，养成爱岗敬业、自主学习、沟通协调、团队合作独立分析和解决疑难问题、创新改进等职业素质。职业素质如下：

（1）能根据技术规范和相关管理制度，及时发现和纠正中央空调系统运行操作人员违规操作、作业流程错误等问题，消除安全隐患，确保安装维修质量。

（2）能根据操作规程、作业流程，采取现场讲解、示范操作等方式进行指导；能按照岗位工作职责的要求，分析、解答中央空调系统运行操作人员在作业过程中遇到的技术疑难问题。

（3）能针对中央空调系统运行操作作业过程中普遍存在的问题进行成因分析，对新技术、新材料、新设备、新工艺进行技术分析。

（4）能按照企业培训管理制度，编制培训方案和配套的培训资料，并能运用演示法、行动导向法等教学方法组织开展集中培训。

（5）能采取有效的方法对学员培训效果进行评价，分析培训中存在的问题，提出改进建议，撰写培训总结

学习内容

本课程的主要学习内容包括：

（1）企业培训管理制度。

（2）课堂教学与技能培训的教学方法。

（3）工作中疑难问题的分析方法。

（4）制冷空调专业发展趋势及其安装维修的新技术、新材料、新设备、新工艺的资料收集与分析应用。

（5）培训方案、培训资料编写方法，培训课件的制作方法。

（6）行动导向法等教学方法及其运用的步骤、注意事项。

（7）培训项目总结的撰写方法。

（8）理论与技能培训及指导过程中的相关沟通技巧，团队合作、教学组织等相关知识与技能

参考性学习任务

序号	名称	学时/h
1	讲义与教案编写知识	80
2	技能教学指导方法	80
3	教学培训组织管理	40

续表

教学实施建议
1. 教学组织方式方法建议 采用行动导向的教学方法。为确保教学安全，提高教学质量，建议采用分组教学的形式（2～4 人/组）；在完成工作任务的过程中，教师须加强示范与指导，注重学生职业素养和规范操作的培养。根据学员状况注意因材施教。 2. 教学资源配备建议 （1）教学场地。教学场地须具备良好的安全、照明和通风条件。可分为学习交流区、管道连接区、中央空调系统安装维修区、中央空调设备及配件展示区、工具与材料存放区、压力容器存储区、教学成果发布区等，并配备相应的多媒体教学设备等。 （2）工具、材料、设备。 工具：培训用工具、中央空调系统安装维修用工具等； 材料：中央空调系统运行操作用材料（铜管、制冷剂、氮气、保温材料等）、培训用材料（记号笔、磁贴、标签纸等）； 设备：多媒体教学设施，网络设备以及依据培训内容需配置的中央空调系统安装维修用的设备等； （3）教学资料。图纸、产品说明书、制冷剂回收工艺文件、技术手册、工具书、技术规范、技术标准、操作规程、数字化资源等
教学考核要求
采用过程性考核和终结性考核相结合的方式。 1. 过程性考核 采用自我评价、小组互评和教师评价相结合的方式进行考核；让学生学会自我评价，教师要善于观察学生的学习过程，结合学生的自我评价、小组评价进行总评并提出改进建议。 （1）课堂考核：考核出勤、学习态度、课堂纪律、小组合作与展示等情况。 （2）作业考核：考核工作页的完成情况、课后练习等情况。 （3）阶段考核：纸笔测试、实操测试、口述测试。 2. 终结性考核 学生根据任务情境中的要求，按照作业规范，在规定时间内完成理论培训讲义编写、技能教案编制及其指导的任务，达到行业规定的质量标准；教师按任务要求进行考核，并提前准备好考核所需的工具、材料、设备和资料等。 考核任务案例：中央空调系统故障诊断与处理方法的讲义编写。 情境描述 某制冷空调企业开办中央空调系统运行操作人员高级工培训班，有 12 名取得中级工的学员参加培训，根据教学进程安排，现需要在规定时限编写中央空调系统故障诊断与处理方法讲义并进行授课。 任务要求 根据任务的情境描述，在 90min 内完成： （1）根据培训需求编写出培训讲义。 （2）编制培训课件并完成 20min 左右的试讲。

续表

教学考核要求
（3）编制一份考核试卷。 参考资料：完成上述任务时，可以使用所有的教学资料，如工作页、相关教材、技术手册、工具书、技术规范、技术标准、操作规程等

五、实施建议

（一）培养模式

本专业技能人才培养宜采用校企合作人才培养模式，包括“学校为主、企业为辅”“学校、企业并重”和“企业为主、学校为辅”的校企合作人才培养模式。

初级技能阶段的人才培养宜采用“学校为主、企业为辅”的校企合作人才培养模式。学校模拟企业的工作情境，通过中央空调系统运行的操作与调整（操作准备、开停机、巡检、运行调整）、维护保养［维护冷（热）源设备、维护空气处理系统、维护水管系统及辅助设备］、处理故障（处理空气处理系统故障、处理水管系统及辅助设备故障）等工学结合课程，培养学生技能操作的规划和熟练度，促进其职业素质的养成及职业责任感的建立。

中级技能阶段的人才培养宜采用“学校为主、企业为辅”的校企合作人才培养模式。学校模拟企业的工作情境，通过中央空调系统运行的操作与调整（操作准备、开停机、巡检、运行调整）、维护保养［维护冷（热）源设备、维护空气处理系统、维护水管系统及辅助设备、维护电气系统、补充与回收润滑油、补充与回收制冷剂］、处理故障［处理冷（热）源设备故障、处理空气处理系统故障、处理水管系统及辅助设备故障］等工学结合课程，培养学生技能操作的规划和熟练度，促进其职业素质的养成及职业责任感的建立。

高级技能阶段的人才培养宜采用“学校、企业并重”的校企合作人才培养模式。学校模拟企业的工作情境，通过中央空调系统运行的操作与调整（运行调整、气密性试验）、维护保养（维护冷（热）源设备、维护空气处理系统、维护电气系统、编制备品备件需求计划）、处理故障［处理冷（热）源设备故障、处理空气处理系统故障、处理水管系统及辅助设备故障、处理电气系统故障］等工学结合课程，培养学生独立分析与解决单一制冷系统问题的能力，促进其职业素质的养成及职业责任感的建立。

技师（预备技师）阶段的人才培养宜采用“企业为主、学校为辅”的校企合作人才培养模式。在企业生产环境下，学校通过中央空调系统运行的操作与调整（调试空调系统、运行调整）、处理故障（处理输配系统故障、处理电气系统故障）、管理空调系统（运行管理、设备管理、环境保护与管理、节能管理）、培训与指导（培训、技术指导）等工学结合课程，培养学生分析与解决综合性制冷系统问题及在企业生产环境下的组织、协调、管理和技术指导等能力，促进其职业认同感的建立。必要时，辅以学校设置的模拟企业工作情境进行培养。

（二）师资队伍

在师资结构方面，要组建一支与办学规模、培养层级和课程设置相适应的业务精湛、素质优良、专兼结合的教师队伍；初级、中级、高级技能阶段人才培养的师生比不低于1∶20，技师（预备技师）阶段人才培养的师生比不低于1∶15，具有企业实践经验的专兼职教师占专业教师总数的60%以上。

在师资能力方面，要求中央空调系统运行操作员的授课教师能胜任技能人才培养要求中规定的职业典型工作任务，并将其转化成课程，组织教学和实施相应的考核评价，实现各层级技能人才培养目标，其中，培养初级技能人才的教师应具有中央空调系统运行的操作与调整（操作准备、开停机、巡检、运行调整）、维护保养［维护冷（热）源设备、维护空气处理系统、维护水管系统及辅助设备］、处理故障（处理空气处理系统故障、处理水管系统及辅助设备故障）等的实践经验；培养中级技能人才的教师应具有中央空调系统运行的操作与调整（操作准备、开停机、巡检、运行调整）、维护保养［维护冷（热）源设备、维护空气处理系统、维护水管系统及辅助设备、维护电气系统、补充与回收润滑油、补充与回收制冷剂］、处理故障［处理冷（热）源设备故障、处理空气处理系统故障、处理水管系统及辅助设备故障］等的实践经验；培养高级技能人才的教师应具有中央空调系统运行的操作与调整（运行调整、气密性试验）、维护保养［维护冷（热）源设备、维护空气处理系统、维护电气系统、编制备品备件需求计划］、处理故障［处理冷（热）源设备故障、处理空气处理系统故障、处理水管系统及辅助设备故障、处理电气系统故障］等的实践经验；培养技师人才的教师应具有中央空调系统运行的操作与调整（调试空调系统、运行调整）、处理故障（处理输配系统故障、处理电气系统故障）、管理空调系统（运行管理、设备管理、环境保护与管理、节能管理）、培训与指导（培训、技术指导）等实践经验。

（三）场地设备设施

本专业教学场地应满足培养要求中规定的职业典型工作任务（表5–2）实施的环境、设备和设施要求，同时应保证教学场地符合国家中央空调系统运行操作员作业劳动安全和职业健康要求，具备良好的安全、照明和通风除尘条件，其中，校内教学场地和设备、设施应能支持资料查阅、教师授课、小组研讨、任务实施、成果展示等活动的开展；企业实训基地应具备工作任务实践与技术培训等功能。

校内教学场地和设备、设施应按培养要求中规定的职业典型工作任务实施要求进行配置。根据中央空调系统运行操作员的特点要分别设置：中央空调设备拆装与维修实训区、中央空调运行管理实训区、中央空调电气自动化实训区等。各区域设备、设施配置基本要求如下。

1. 中央空调设备拆装与维修实训区

风冷式换热器设备、水冷式换热设备、活塞式压缩机、螺杆式压缩机、组合工具等，能进行中央空调系统设备的拆装实训。

2. 中央空调运行管理实训区

中央空调运行管理实训区主要设备包括半封闭活塞式冷水机组、螺杆式水冷机组、风管风机盘管、冷却水塔、冷却水循环系统、冷冻水循环系统、风管风机机组等。能够进行中央空调系统运行仿真；冷水机组运行维护；电气控制系统实训；制冷系统实训；中央空调安装实训；空气调节实训（风量、水量测量调节）；制冷空调控制、检测技术实训；采用远程控制修改空调系统设定参数，进行故障诊断；进行风量、风速、噪声的测量，进行温度场、气流组织的分析等。

3. 中央空调电气自动化实训区

中央空调电气自动化实训区培养对电气控制系统故障判断与维修能力，满足中央空调系统维修与技术支持；使用常用电工工具及仪表检测电气控制元器件，能安装和连接中央空调装置控制电路，能进行中央空调机组电气故障排除。

4. 中央空调设备及配件展示区

中央空调设备及配件展示区应配置制冷系统设备及配件、通风系统及配件、水系统及配件、电气控制系统及元器件、安装维修设备及工具、消防设施等。

5. 工具与材料存放区

工具与材料存放区应配置通风设备（室内时）、消防设备等。

6. 教学成果发布区

教学成果发布区应配置展示柜（台、架）、消防设备等。

（四）教学资源

本专业教学资源应按制冷设备运用与维修专业人才培养要求中规定的职业典型工作任务实施进行配置，包括实施“系统运行的操作与调整”典型工作任务的中央空调系统运行与操作与调整、实施“故障处理”典型工作任务中央空调系统故障处理、实施“维护保养”典型工作任务的中央空调系统维护保养、实施“管理”典型工作任务的中央空调系统运行管理、实施“现场指导与技能培训”的典型工作任务的中央空调系统运行管理与培训类教学资源。

教学资源包括工作页、相关教材、新产品说明书、技术手册、工具书、技术规范、技术标准、操作规程、数字化资源等。

（五）教学管理制度

本专业应设立科学合理的教学管理机构，制订完善的教学管理制度，建立健全有效的教学管理运行机制。对于日常教学管理，应建立有效支持工学结合课程教学组织实施的管理制度，包括运行规则、专业建设与课程开发、师资队伍管理、教学运行管理等方面的制度。对于校内实践教学管理，应建立校内教学场地、大师工作室等管理制度，包括确立工作规范、教师职责、学生行为规范和工具、耗材、设备等管理规定。对于校外实践教学管理，应建立生产性实训基地、企业学习性岗位等管理制度，包括确定生产性实训基地、学习性岗位的设置条件、校企双方各自的合作管理职责等。

有条件的院校可探索建立“学校教育与企业生产相结合”的新型学徒制，与企业签订合作协议，明确学徒培训的期限、形式、内容、考核办法和双方责权利等，形成企业师傅在生产岗位上“传、帮、带”的技能人才培养模式。

六、考核与评价

（一）职业技能鉴定

1. 中央空调系统运行操作员初级、中级、高级职业资格可采用过程化考核方式进行认证。课程实施前，学校应编写《一体化课程教学与考核方案》，报送当地职业技能鉴定部门备案；实施时，按照教学与考核方案要求，开展过程化考核，职业技能鉴定部门进行技术指导和督查学生学习档案；所有课程结束时，提请职业技能鉴定部门组织相关考评员，依据考核方案进行鉴定，考核合格，则直接认定相应的职业资格等级，并颁发相应的职业资格证书。

2. 技师职业资格可采用社会化职业技能鉴定方式进行考核认证。取得本职业预备技师证书的技师学院毕业生，累计从事本职业或相关职业工作两年（含）以上，按照当地职业技能鉴定部门相关规定，申报技师资格（国家职业资格二级）。

（二）职业能力测评

运用职业能力测评理论与技术，开发职业能力测评试题，测评各层级技能人才的职业能力水平与职业认同感，从职业效度的角度来分析职业院校的人才培养效果与行业企业用人要求的符合度。

（三）就业质量评价

从毕业生就业率、专业对口就业率、稳定就业率、就业后的待遇水平以及用人单位满意度等方面来衡量各层级技能人才的培养与就业质量。

其中，毕业生就业率主要包括毕业生在离校前已落实就业单位的比例（初次就业率），以及毕业生在毕业当年 12 月底前的就业比例；专业对口就业率指学生所学专业与实际就业所从事的职业及相关岗位群相对应的比例；稳定就业率指毕业生与企业签订一年及以上正式劳动合同所占的比例；就业后待遇水平指毕业生与企业签订正式劳动合同后的实际收入水平；用人单位满意度指用人单位对毕业生在企业工作期间表现进行的综合性评价。